DAXUE JISUANJI
JICHU SHIXUN
ZHIDAO

大学计算机基础实训指导

（Windows 10+Office 2016）（第2版）

主　编　卓晓波

副主编　张光建　王　喻　闫　青

高等教育出版社·北京

内容简介

本书是与《大学计算机基础（Windows 10+Office 2016）（第 2 版）》（卓晓波主编）配套的上机实训指导教材。

本书以教育部办公厅印发的《高等职业教育专科信息技术课程标准（2021 版）》为参考，以 Windows 10+Office 2016 为教学平台，以案例为引导，以任务为驱动，所采用的项目案例具有相关知识的典型性和代表性，对项目中的重点和难点知识内容提供二维码链接微课视频进行相应的讲解。学生通过观看微视频和按照操作步骤结合上机练习，能较快地掌握所学的知识和提高实际应用能力。书中附有与教学内容密切相关的各类习题和操作题，相应题型参照了计算机等级考试新考试大纲的考试要求，能够满足教学和考试的需要。

本书为新形态一体化教材，配套建设了微课视频、授课用 PPT、课后习题、习题答案、素材等数字化学习资源。与本书配套的数字课程在"智慧职教"（www.icve.com.cn）平台上线，读者可以登录平台进行学习并下载基本教学资源，详见"智慧职教"使用指南，教师也可发邮件至编辑邮箱 1548103297@qq.com 获取相关教学资源。

本书适合作为应用型本科院校和高等职业院校大学计算机基础课程的配套教材，也可作为参加计算机等级考试人员和计算机爱好者的参考用书。

图书在版编目（CIP）数据

大学计算机基础实训指导：Windows 10+Office 2016 / 卓晓波主编． --2 版． --北京：高等教育出版社，2022.1

ISBN 978-7-04-056876-9

Ⅰ．①大… Ⅱ．①卓… Ⅲ．①Windows 操作系统-高等职业教育-教材②办公自动化-应用软件-高等职业教育-教材 Ⅳ．①TP316.7②TP317.1

中国版本图书馆 CIP 数据核字（2021）第 176031 号

Daxue Jisuanji Jichu Shixun Zhidao

策划编辑	许兴瑜	责任编辑	许兴瑜	封面设计	张　志	版式设计	马　云
插图绘制	邓　超	责任校对	陈　杨	责任印制	刘思涵		

出版发行	高等教育出版社	网　　址	http://www.hep.edu.cn
社　　址	北京市西城区德外大街 4 号		http://www.hep.com.cn
邮政编码	100120	网上订购	http://www.hepmall.com.cn
印　　刷	三河市华润印刷有限公司		http://www.hepmall.com
开　　本	787 mm×1092 mm　1/16		http://www.hepmall.cn
印　　张	13.75	版　　次	2021 年 9 月第 1 版
字　　数	400 千字		2022 年 1 月第 2 版
购书热线	010-58581118	印　　次	2022 年 11 月第 2 次印刷
咨询电话	400-810-0598	定　　价	36.50 元

本书如有缺页、倒页、脱页等质量问题，请到所购图书销售部门联系调换

　　"智慧职教"是由高等教育出版社建设和运营的职业教育数字教学资源共建共享平台和在线课程教学服务平台,包括职业教育数字化学习中心平台(www.icve.com.cn)、职教云平台(zjy2.icve.com.cn)和云课堂智慧职教 App。用户在以下任一平台注册账号,均可登录并使用各个平台。

● **职业教育数字化学习中心平台(www.icve.com.cn):** 为学习者提供本教材配套课程及资源的浏览服务。

　　登录中心平台,在首页搜索框中搜索"大学计算机基础",找到对应作者主持的课程,加入课程参加学习,即可浏览课程资源。

● **职教云(zjy2.icve.com.cn):** 帮助任课教师对本教材配套课程进行引用、修改,再发布为个性化课程(SPOC)。

　　1. 登录职教云,在首页单击"申请教材配套课程服务"按钮,在弹出的申请页面填写相关真实信息,申请开通教材配套课程的调用权限。

　　2. 开通权限后,单击"新增课程"按钮,根据提示设置要构建的个性化课程的基本信息。

　　3. 进入个性化课程编辑页面,在"课程设计"中"导入"教材配套课程,并根据教学需要进行修改,再发布为个性化课程。

● **云课堂智慧职教 App:** 帮助任课教师和学生基于新构建的个性化课程开展线上线下混合式、智能化教与学。

　　1. 在安卓或苹果应用市场,搜索"云课堂智慧职教"App,下载安装。

　　2. 登录 App,任课教师指导学生加入个性化课程,并利用 App 提供的各类功能,开展课前、课中、课后的教学互动,构建智慧课堂。

　　"智慧职教"使用帮助及常见问题解答请访问 help.icve.com.cn。

前　言

　　熟练操作计算机办公自动化软件的能力是当今大学生需具备的一项基本技能。本书是与《大学计算机基础（Windows 10+Office 2016）（第 2 版）》（卓晓波主编）配套的上机实训指导教材，其主要内容是对主教材操作技能的强化练习。

　　在本书的编写过程中，参考了教育部办公厅印发的《高等职业教育专科信息技术课程标准（2021 版）》对学生的操作要求和全国计算机等级考试新考试大纲的考试要求。所采用的项目案例具有相关知识的典型性和代表性。项目中的难点和重点知识内容以二维码链接微课视频的形式进行讲解，便于读者较快地掌握相应项目的操作技能。该书可为开设"计算机应用基础""大学计算机基础"等课程的学生提供更好的上机指导，也可为学生参加计算机等级考试做必要的知识准备。

　　本书由四川建筑职业技术学院计算机基础教研室的老师集体完成，参加编写的老师长期工作在教学第一线，具有丰富的教学经验，对书中的知识点有较深刻的理解。全书包含 14 个项目，项目 1、项目 2、项目 8～项目 10 由张光建编写，项目 3 和项目 13 由曾学军编写，项目 4～项目 7 由卓晓波编写，项目 11 和项目 12 由王喻编写，项目 14 由闫青编写，全书由卓晓波统稿。

　　限于作者水平和编写时间仓促，书中难免存在不妥之处，敬请广大读者批评指正。作者联系方式：735577171@qq.com。

编　者

2021 年 7 月

目　录

项目 1　微型计算机组装

1.1   项目要求和分析

在基本认识了计算机硬件之后，大家的第一个想法是：我能自己动手，组装一台微型计算机吗？当然可以。组装一台微型计算机如同搭积木，准备一套微型计算机的标准配件，即一个主机箱及里面的配件，一台显示器作为输出设备；一个键盘和鼠标作为输入设备，如图 1.1.1 所示。

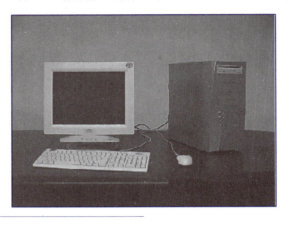

图 1.1.1
微型计算机组成外观

1.2   实现步骤

组装一台微型计算机可以参考图 1.2.1 所示的顺序。

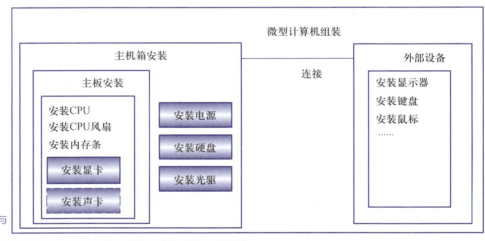

图 1.2.1
微型计算机组成与
安装

1. 组装准备工作

（1）组装微型计算机所需的物理设备

装机所需要的工具：十字螺钉旋具（俗称螺丝刀）。

（2）注意事项

在安装前，先消除身上的静电，用手摸一摸自来水管等接地设备；对各个部件要轻拿轻放，不要碰撞，尤其是硬盘；安装主板一定要稳固，同时要防止主板变形，不然会对主板的电子线路造成损伤。

（3）准备好所需的配件

一台微型计算机的基本物理配件包括 CPU、CPU 风扇、主板、内存、硬盘、显卡、声卡、网卡、光驱、机箱、电源、键盘、鼠标、显示器等，如图 1.2.2 所示。

2．主机箱安装

主机箱里的硬件包括主板、电源、硬盘、光驱等。

（1）主板安装

主板上需要安装的设备包括 CPU、CPU 风扇、内存条、各种接口卡（如显卡、声卡、网卡等）。

1）安装 CPU

CPU 插座，它的一个角比其他 3 个角少一个插孔，CPU 本身也是如此，所以 CPU 的引脚和插孔的位置是对应的，这就标明了 CPU 的安装方向。安装 CPU 时先拉起插座的手柄，把 CPU 按正确方向放进插座，使每只引脚插到相应的孔里，注意要放到底，但不必用力给 CPU 施压，然后把手柄按下，这样 CPU 就可被牢牢地固定在主板上，如图 1.2.3 所示。

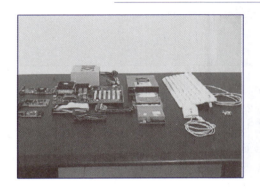

图 1.2.2
微型计算机基本
配件

图 1.2.3
安装 CPU

2）安装 CPU 风扇

CPU 风扇是用一个弹性铁架固定在插座上的，它与 CPU 的接触面需要涂一层薄薄的硅胶，有利于散热，如图 1.2.4 所示。

3）安装内存条

安装内存条要小心，不要太用力，以免掰坏线路，内存条上的金属引脚端有两个凹槽，对应内存插槽上的两个凸棱，所以方向容易确定。安装时把内存条对准插槽，均匀用力插到底就可以了。同时插槽两端的卡子会自动卡住内存条，如图 1.2.5 所示。

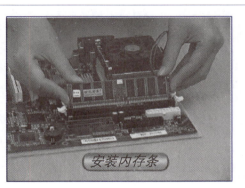

图 1.2.4
安装 CPU 风扇

图 1.2.5
安装内存条

4）安装显卡、网卡

显卡和网卡及其他接口卡都是插接在主板上的插槽中的，接口都露在主机箱的后面板外，方便插接其他外设。主板上的黑色槽是 ISA 插槽，白色槽是 PCI 插槽，还有一个棕色的槽是 AGP 插槽，专门用来插 AGP 显示卡的。把显示卡以垂直于主板的方向插入 AGP 插槽中，用力适中并要插到底部，保证卡和插槽的良好接触，如图 1.2.6 所示。

🛈 【提示】

外接设备的接口卡（如显卡和网卡等），需要把接口伸出机箱后面板，方便连接外部设备，可以等把主板安装固定到主机箱底板后，再对齐后面板的挡板口，这时安装会更方便些。

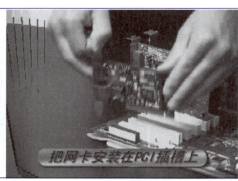

图 1.2.6
安装显卡、网卡

(a)　　　　　　　　　　　　　　　　(b)

5）安装主板到机箱

当主板上的硬件安装好之后，就可以把主板安装到主机箱里了。机箱的外包装里有许多附件，如螺钉、挡片等。主机箱内底板上面的铜柱是螺钉孔，是用来固定主板的，如图 1.2.7 所示，主板上一般有 5～7 个固定孔，要选择合适的孔与主板匹配，选好以后，把固定螺钉旋紧在底板上。然后把主板小心地放在上面，注意将主板上的键盘口、鼠标口、串并口等和机箱背面挡片的孔对齐，使所有螺钉对准主板的固定孔，依次把每个螺钉安装好。要求主板与底板平行，决不能搭在一起，否则容易造成短路。

（2）电源安装

把电源放在电源固定架上，使电源箱体上的螺钉孔和主机箱上的螺钉孔一一对应，然后拧上螺钉。再把电源接头连接到主板上，如图 1.2.8 所示。这时就可以给主板供电了，也可以给安装在主板上的所有部件供电了。

图 1.2.7
机箱底板的螺钉

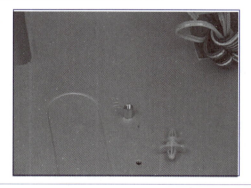

图 1.2.8
安装电源

（3）硬盘安装

将硬盘放到主机箱体里的固定架中，注意方向，保证硬盘正面朝上，接口部分背对面板。然后再拧紧螺钉。IDE 接口是用来连接 IDE 设备的，一般是硬盘和光驱。数据线上都有一根色线，一般为红线，接线原则是色线对应接口上第一根引脚，主板上的接口和设备接口都是这样。先接好主板这头，然后接光驱，再接硬盘。现在的主板上都给这些接口设置了一个带有缺口的插座，正好和数据线接头上的形状相同，是不会搞错方向的，如图 1.2.9 所示。

M2　　　　　　　　　　　　　　　　　SATA

图 1.2.9
安装硬盘数据线两端

（4）光驱安装

先从机箱前面板上取下 5 寸槽口的挡板，用来安装光驱。把光驱安装在固定架上，保持光驱的前面和机箱面板齐平，在光驱的每一侧用两个螺钉初步固定，先不要拧紧，这样可以对光驱的位置进行细致的调整，然后再把螺钉拧紧。数据线的一头连接光驱的数据线接口，另一头连接到主板对应的接口，再把电源线连接好，数据线的连接参照硬盘的连接，如图 1.2.10 所示。

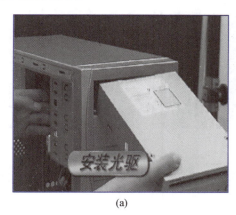

(a)　　　　　　　　　　　　　　　　　(b)

图 1.2.10
安装光驱

（5）安装指示灯

现在机箱面板上的许多线头空着，是一些开关和指示灯，还有 PC 喇叭的连线，它们需要连接在主板上。

ATX 结构的机箱上有一个总电源（Power 键）的开关接线，是一个两芯的插头，它和 Reset 的接头一样，按下时短路，松开时开路，按一下，计算机的总电源就被接通了，再按一下就关闭。

硬盘指示灯的两芯接头，1 线为红色。在主板上，这样的引脚通常标着 IDE LED 或 HD LED 的字样，连接时要红线对 1。接好后，当计算机在读写硬盘时，机箱上的硬盘灯会亮。

三芯插头是电源指示灯的接线，使用 1、3 位，1 线通常为绿色。在主板上，插针通常标记为 Power，连接时注意绿色线对应于第 1 针（＋）。当它连接好后，计算机一打开，电源灯就一直亮着，指示电源已经打开了。

　　PC 喇叭的四芯插头，实际上只有 1、4 两根线，1 线通常为红色，它要接在主板的 Speaker 引脚上。这在主板上有标记，通常为 Speaker。在连接时，注意红线对应 1 的位置。

　　最后，把空着的槽口用挡片封好，防止灰尘进行主机箱。然后要仔细检查一下各部分的连接情况，确保无误后，把机箱盖盖好，拧紧螺钉，这样，主机箱中的设备就安装完成。

　　接下来是将主机箱与外部设备进行连接安装。

3. 外设连接

外设连接指主机与外部设备的连接，主要是显示器、鼠标与键盘。

（1）显示器连接

　　显示器需要连接数据信号线和电源线。显示器的信号线是 15 针的插口，需要接在显卡接口上，电源接在主机电源上或直接连接到电源插座，如图 1.2.11 所示。

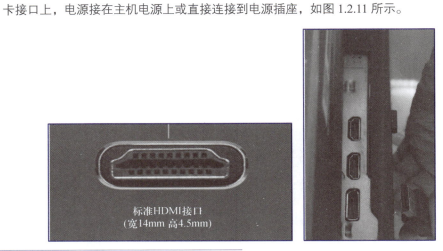

图 1.2.11
显示器连接主机

（2）鼠标、键盘连接

　　最后，在主机箱背面，找到鼠标和键盘的接口，插上键盘和鼠标。键盘接口在主板的后部，是一个圆形的。键盘插头上有向上的标记，连接时按照这个方向插好即可，常规键盘接口是紫色口，鼠标接口是绿色口，如图 1.2.12 所示。

图 1.2.12
连接键盘和鼠标

4．开机调试

最后连接主机箱的电源线，给主机箱中的所有设备提供电源。这是一个三口的接口，如图 1.2.13 所示。现在都连好了，然后就可以开机了。按一下主机箱上的电源开关（Power 键），计算机即可启动。如果安装正确，正常启动中，主机会发出一声清脆的"嘀"，显示器显示启动的黑白屏幕的英文提示信息。

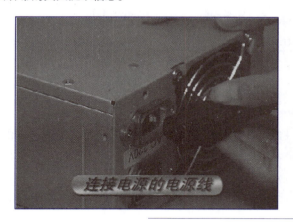

图 1.2.13
连接主机电源线

1.3 项目总结

通过实践，安装一台物理微型计算机，增强了对微型计算机物理硬件的认识，进一步加深了对微型计算机系统组成理论认识的拓展，更容易理解微型计算机的工作原理。增强学生的动手能力，达到了"做中学，学中做"的学习目标。

1.4 项目拓展

1．笔记本计算机准系统

本项目 DIY 台式微型计算机。当前很多人都使用笔记本计算机，也可以 DIY 一个自己的笔记本计算机，对于笔记本计算机准系统 Barebone，可以把它想像成一台"裸体"笔记本计算机，一款只提供了笔记本计算机最主要框架部分的产品，像基座、液晶显示屏、主板等，其他部分诸如 CPU、硬盘、光驱等就需要用户自己来选购并且安装了。甚至对处于框架位置显示屏、主板用户如果还不满意，厂家也会提供相应的候选产品供用户选择，以满足人们 DIY 笔记本计算机的这种终极乐趣。

2．DIY 笔记本计算机

目前，华硕、微星、精英等厂商都已经发布了多款这样的产品。这里举例以微星 MS-1029 笔记本计算机 barebone 为基础，来动手 DIY 一台自己的笔记本计算机。

微星 MSI MS-1029 笔记本计算机准系统是一款基于 AMD 平台的笔记本计算机，主板使用了 ATI 芯片组 chipset、配备了 ATI Mobility Radeon X700 显卡、双层 DVD 刻录机和 15.4-inch WXGA 宽屏 LCD。可以选择 DIY 配置 CPU、硬盘、无线网卡、内存等，如图 1.4.1 所示。

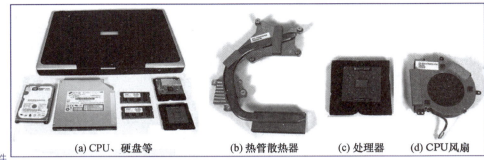

图 1.4.1
笔记本计算机配件

(a) CPU、硬盘等　　(b) 热管散热器　　(c) 处理器　　(d) CPU风扇

1.5　思考与练习

1. 外部设备需要连接音箱、打印机、手写笔等，应该如何安装，需要增加接口卡吗？
2. 主机箱里还可以增加哪些设备？

项目 2　键盘认识及字符录入练习

2.1　项目要求和分析

组装好一套标准计算机的物理硬件（即裸机），并且安装好相关的软件后，现在可以开始使用计算机了。在计算机的使用中，对于文本的录入是最基本的操作，对于标准输入设备的键盘的使用是最频繁的，作为使用计算机的第一步，应该对键盘及基本指法有所了解。

2.2　实现步骤

1. 认识键盘

（1）键盘分区

标准的 101 键盘分 4 个区，如图 2.2.1 所示。

功能键区

图 2.2.1
键盘分区

打字键区　　　　编辑控制键区　小键盘区

（2）指法分区

打字键区的正中央有 8 个基本键，即左边的 A、S、D、F 键，右边的 J、K、L、；键，其中的 F、J 两个键上都有一个凸起的小横杠，以便于盲打时手指能通过触觉定位，如图 2.2.2 所示。

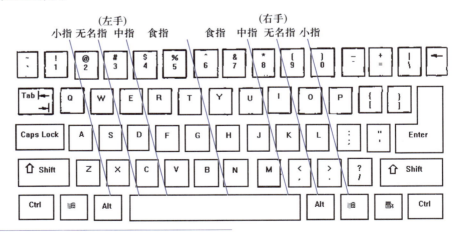

图 2.2.2
指法分区

（3）键盘常用键及功能

① Print Screen 键（有些键盘标识"PrtSc 打印屏幕"），即截图键。按下该键就可以

10

把当前屏幕截图下来，存储到剪贴板，然后在画图程序或者 Word 中粘贴即可。Alt+Print Screen 组合键则是对当前窗口进行截图。

② 针对窗口的组合键功能见表 2.2.1。

表 2.2.1 组合键功能

组合键	功能
Windows 键或 Ctrl+Esc	显示或隐藏"开始"菜单
Windows 键+M	最小化所有被打开的窗口
Windows 键+E	打开"资源管理器"
Windows 键+R	打开"运行"窗口
Windows 键+D	显示桌面

③ Pause/Break 键。这两个按键现在主要的用途是可中止某些程序的执行。例如 BIOS 和 DOS 程序，在没进入操作系统之前的 DOS 界面显示自检内容时按下此键，会暂停信息翻滚，以便查看屏幕内容，之后按任意键可以继续；在 Windows 状态下按 Windows 键 +Pause/Break 组合键，可以直接调出系统属性面板。

2．练习指法

步骤 1：将手指放在键盘上（如手指放在 8 个基本键上，两个大拇指轻放在空格键上）。

步骤 2：练习击键。

例如要击 D 键，方法是：

① 提起左手约离键盘 2 厘米。

② 向下击键时中指向下击 D 键，其他手指同时稍向上弹开，击键要能听见响声。

击其他键使用类似指法，请多体会。形成正确的习惯很重要，而错误的习惯则很难改。

步骤 3：熟悉 8 个基本键的位置（请保持步骤 2 的正确击键方法）录入如下内容。

A，S，D，F，G，H，J，K，L；

a，s，d，f，g，h，j，k，l；

（网站测试：https://dazi.kukuw.com/，时间：5 分钟）

3．中英文标点符号对应

中文的标点符号对应键盘的按键，见表 2.2.2。

表 2.2.2 中文标点符号对应按键

中文标点	键位	说明	中文标点	键位	说明
。（句号）	.		）（右括号）	)	
，（逗号）	,		《《（单、双书名号）	<	自动嵌套
；（分号）	;		》》（单、双书名号）	>	自动嵌套
：（冒号）	:		……（省略号）	^	双符处理
？（问号）	?		——（破折号）	–	双符处理
！（感叹号）	!		、（顿号）	\	

11

续表

中文标点	键位	说明	中文标点	键位	说明
""（双引号）	"	自动配对	·（间隔号）	@	
''（单引号）	'	自动配对	—（连接号）	&	
（（左括号）	(		￥（人民币符号）	$	

　　此外，也可以使用输入法状态栏的软键盘输入一些特殊字符。软键盘的默认状态为标准 PC 键盘。打开/关闭软键盘的方法是，单击输入法状态栏中的"软键盘切换"按钮，在弹出的菜单中选择菜单项及符号，如选择"标点符号"选项，再单击所需要的符号按钮，如图 2.2.3 所示。

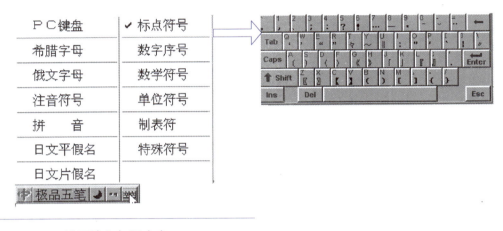

图 2.2.3
软键盘菜单及
符号

4. 练习输入如下内容

特殊符号：▲※→←◎★§□＃＆＠◆
数字序号：①②③⑤⑥
标点符号：《》〔〕【】……

5. 使用正确指法，练习输入如下内容

　　天山是我们祖国西北边疆的一条山脉，连绵几千里，横亘准噶尔盆地和塔里木盆地之间，把广阔的新疆分为南北两半。远望天山，美丽多姿，那常年积雪高插云霄的群峰，像集体起舞时的维吾尔族少女的珠冠，银光闪闪……；那富于色彩的不断的山峦，像孔雀正在开屏，艳丽迷人。天山不仅给人一种稀有美丽的感觉，而且更给人一种无限温柔的感情。

2.3　项目总结

　　学习了计算机键盘的击键指法，具备正确击键指法，使用键盘进行常用的文本、符号的输入，将为后续课程的学习奠定良好的基础。

　　熟悉键盘指法，提高输入速度与准确度，最终达到盲打输入，这些是需要反复练习和巩固的。需要课后多抽时间熟记键盘的分区，多进行指法练习。

2.4　项目拓展

1．五笔字型输入法

五笔字型输入法（简称五笔）是王永民在 1983 年 8 月发明的一种汉字输入法。因为发明人姓王，也称为"王码五笔"。五笔字型完全依据笔画和字形特征对汉字进行编码，是典型的形码输入法。五笔是目前中国以及一些东南亚国家如新加坡、马来西亚等国最常用的汉字输入法之一。五笔相比于拼音输入法具有低重码率的特点，熟练后可快速输入汉字。五笔字型自 1983 年诞生以来，先后推出 86 五笔、98 五笔和新世纪五笔 3 个版本。

2．学习方法

学习五笔方法与步骤：熟悉字根→全面了解编码规律→掌握拆字原则→练习巩固。

首先记牢每个键位上的字根表，如图 2.4.1 所示。

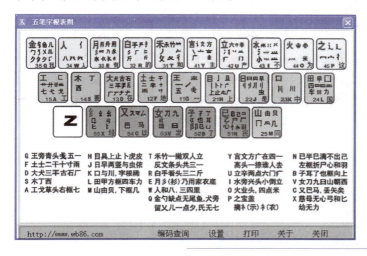

图 2.4.1
五笔字根表

例如，五笔输入法一级简码表：一地在要工，上是中国同，和的有人我，主产不为这，民了发以经。先背下来，然后再根据指法来记，如图 2.4.2 所示。输入时，只需要按一个字母键即可，例如输入"我"字，只需要按 Q 键。

图 2.4.2
五笔一级简码表

3．笔记本计算机选购

（1）笔记本计算机分类

笔记本计算机（notebook computer），如图 2.4.3 所示。又称笔记本电脑、手提电脑或膝上计算机（laptop computer），是一种小型、可携带的个人电脑，通常重 1～3 kg。其发展趋势是体积越来越小，重量越来越轻，而功能却越来越强。

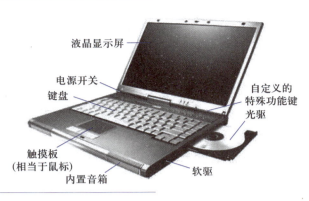

液晶显示屏

电源开关
键盘

自定义的
特殊功能键
光驱

触摸板
（相当于鼠标）
内置音箱

软驱

图 2.4.3
笔记本计算机

从用途上看，笔记本计算机一般可以分为商务型、时尚型、多媒体游戏娱乐型、商娱两用型、特殊用途型、超极本等类型。

① 商务型笔记本计算机的特征一般为移动性强、电池续航时间长、做工精良、坚固耐用、稳定性好、配置均衡、接口丰富、扩展能力很强，其中的突出代表是联想的 ThinkPad 系列笔记本计算机，尤其是 ThinkPad X 系列和 ThinkPad T 系列，当然时下流行的超级本也是很好的选择，其中 ThinkPad X1 Carbon 超级本是绝对的顶级商务笔记本计算机。

② 时尚型笔记本计算机的特征为外观漂亮、注重时尚、一般有多种色彩可选、个性化气息浓重，其中的突出代表是苹果、索尼、联想的 Z 系列和 U 系列笔记本计算机。

③ 多媒体游戏娱乐型笔记本的特征一般为配置强悍、显卡高强、音响效果出众、屏幕显示效果很棒，其中的突出代表是联想的 Y 系列、华硕的 N 系列、戴尔的 XPS、宏碁的 V 系列等。

④ 商娱两用型笔记本计算机的特征是将商用笔记本计算机皮实稳定的特性和娱乐笔记本计算机不俗的性能完美地融合在一起，这类笔记本计算机往往在市场上的占有率很高，受欢迎程度也很高。其中的突出代表是联想扬天 V 系列、ThinkPad 的 Edge 系列、华硕的 A 系列等。

⑤ 特殊用途型笔记本计算机是服务于专业人士，可以在酷暑、严寒、低气压、战争等恶劣环境下使用的机型，多较笨重，并且十分昂贵，其中的突出代表是军用的笔记本计算机，ThinkPad W 系列笔记本计算机。

⑥ 学生使用的笔记本计算机主要用于教育、娱乐，要求性价比很高，如联想的 G 系列笔记本计算机、宏碁的 E 系列笔记本计算机、华硕的家用笔记本计算机等。

⑦ 超极本（Ultrabook）是英特尔公司定义的又一全新品类笔记本计算机产品，Ultra 的意思是极端的、偏激的、过分的，Ultrabook 指极致、轻薄的笔记本计算机产品，即人们常说的超轻薄笔记本计算机，中文翻译为"超极本"。

超极本拥有极强性能、极度纤薄、极其快捷、极长续航、极炫视觉五大特性，是便携式计算机有史以来性能和便携性的最佳结合，其卓越的综合能力带来前所未有的性能及轻薄体验。

（2）笔记本计算机的选购

笔记本计算机的选购可以从以下 3 步考虑。

步骤 1：性价比。

① 预算。根据预算，确定性价比高的笔记本计算机。在选购笔记本计算机时，首先

应明确自己的需求——所购笔记本计算机主要用来做什么,在什么环境、什么状态下使用。选择一台最适合自己的笔记本计算机才是最重要的。笔记本计算机价格的高低根本上源于其价值的大小,自己的经济接受能力是购买笔记本计算机的基础条件,实际使用中对笔记本计算机的实际要求是首要考虑的问题,而不能盲目追求价格贵的笔记本计算机,因为大多数时候是没必要的。

② 主要硬件挑选。选购性价比高,适当超前、够用、好用即可。这个世界上从来没有诞生过"最强、最好、最完美"的笔记本计算机。

可以用"中关村在线",按照要求搜索符合要求的笔记本计算机。

然后,根据评分看看用户的评论以及配置,挑选中意的笔记本计算机。

如果要玩游戏,则对显卡要求会高一些;如果不玩游戏但考虑价格,则可直接选择集成显卡。

买电脑主要看显卡、主板、CPU 三大件。

显卡需要看显卡芯片的型号和显存,相同情况下,显存越大越好。

CPU 需要看主频和三级缓存。CPU 主要有 Intel 和 AMD 2 个品牌。笔记本计算机中,主要使用 Intel 的 CPU,部分中低端的笔记本计算机会用 AMD 的 CPU。

硬盘主要看转速,转速越快,硬盘读写速度就越快。内存一是要看容量,二是要看内存类型。

摄像头、蓝牙等作用都不大,用的也很少,并且摄像头一般像素都不高,这些不必太看重,使用常规配置就好。

步骤 2:尺寸。

大小要力求适合自己,过小影响视觉效果,过大影响移动便携性。笔记本计算机在当前市场上有 17 英寸及以上、15 英寸、14 英寸、13 英寸、12 英寸、11 英寸及以下,用来做干什么,是否经常移动,对便携性的要求高低与否,是选择笔记本计算机尺寸的主要因素,一般家用或者办公使用 14 寸的,如果经常外出,那么选择 12 寸的最好。在选购时最好做一下实物尺寸的对比。

步骤 3:品牌。

品牌是一个企业的高度浓缩和概括,成功的品牌自然有其过人之处。选择知名度大、信誉度高、售后服务好、自己喜欢的笔记本计算机品牌。常用的品牌有联想、方正、清华紫光、神舟、戴尔、惠普、华硕、宏基等。

2.5 思考与练习

1. 要提高指法及文本录入速度,可以在网站注册进行实时在线练习评测,网址为 https://www.typing.com/ 或者 https://dazi.kukuw.com/。

2. 中英文输入法、中英文标点符号、中文输入法的切换分别是哪些快捷键。

项目 3　操作系统 Windows 10 实验

3.1　项目要求和分析

　　操作系统是计算机最重要的系统软件，它管理着计算机的全部软件和硬件资源并为用户提供操作计算机的人机界面。对 Windows 操作系统掌握的熟练程度，也反映了用户使用计算机的水平高低。

　　操作系统是计算机最重要的系统软件，其他软件都需要在操作系统的支持下才能工作。通过本项目的练习，可以提高学生对操作系统的熟悉程度和使用计算机的能力。

　　① Windows 作为图形用户界面的操作系统，那么对窗口的操作是它最基本的操作，一定要熟练掌握；文件作为计算机内部存储数据和信息的方式，掌握对文件的管理操作也是最基本的要求，而且这些内容也是计算机等级考试需要完成的考试内容，一定要多加练习，熟练掌握。

　　②"Windows 附件"提供了很多实用的工具，要学会使用这些工具；"开始"菜单是运行程序的方式之一，同时也是其他许多操作的入口，因此会经常使用。

　　③ 对 Windows 工作环境最重要的设置都包含在"控制面板"中，熟悉控制面板中的各项内容并能正确进行设置操作，是用户熟练使用计算机的前提。

3.2　实现步骤

任务 3.1　窗口和文件的基本操作

（1）启动计算机并打开窗口

　　打开电源开关，观察计算机启动过程。双击桌面的"此电脑"图标，打开文件资源管理器窗口，如图 3.2.1 所示。

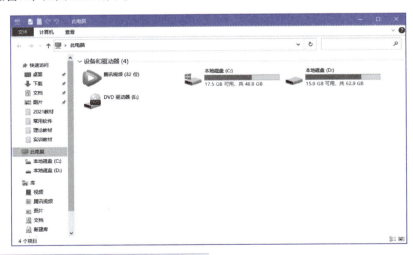

图 3.2.1
文件资源管理器窗口

（2）更改窗口的大小

　　① 分别单击窗口右上角的 ⬚⬚⬚ 按钮将窗口最小化、最大化、还原和关闭。

② 将鼠标指针分别放在窗口 4 条边上（只改变宽度或高度）或 4 个角上（同时改变宽度和高度），待鼠标指针变为双向箭头时，再拖动鼠标来任意改变窗口大小。

（3）移动窗口

将窗口处于还原状态，在窗口顶部标题栏按下鼠标左键并拖动来移动窗口。

（4）窗口的切换和排列

① 双击打开"回收站"窗口，将鼠标指针移动到任务栏的文件夹图标上，就可以预览"此电脑"和"回收站"这两个窗口并实现切换。

 【提示】

窗口的切换也可以使用 Alt+Tab 或 Alt+Esc 组合键。

② 在任务栏右击，在弹出的快捷菜单中分别选择"层叠窗口""堆叠显示窗口""并排显示窗口"进行窗口排列。图 3.2.2 所示为堆叠显示窗口。

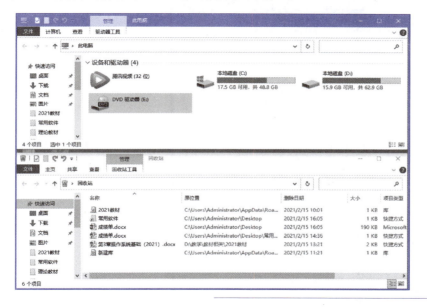

图 3.2.2
堆叠显示窗口

（5）文件和文件夹的建立

双击桌面的"此电脑"图标，打开"文件资源管理器"窗口，在导航窗格单击打开 D 盘，单击快速访问工具栏的"新建文件夹"按钮，或者在工作区右击，在弹出的快捷菜单中选择"文件"→"新建"→"文件夹"命令，此时 D 盘会出现新建文件夹的图标，输入文件夹名为"班级+姓名"就完成了新文件夹的建立；双击进入此文件夹，重复上述步骤，再建立子文件夹"文档"和"备份"，如图 3.2.3 所示。

双击打开"文档"文件夹，在工作区右击，在弹出的快捷菜单中选择"文件"→"新建"→"Microsoft Word 文档"命令，输入文件名 File1，此处注意只需要输入文件名，文件的扩展名不需要输入也不能任意更改。默认是不显示文件的扩展名的，如要显示扩展名，在功能区选择"查看"选项卡，选中右侧的"文件扩展名"复选框这时就能看到文件的扩展名了。重复上述操作，再创建 File2.docx、File3.docx、File4.xlsx、File5.pptx 文件，如图 3.2.4 所示。

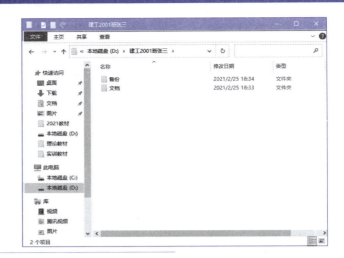

图 3.2.3
创建文件夹和子文件夹

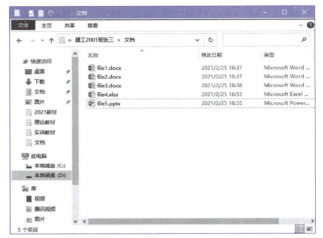

图 3.2.4
创建文件

（6）文件和文件夹的选定

进入"文档"文件夹，单击任何一个文件名可选中此文件。

单击 file1 选中第 1 个文件，按住 Ctrl 键，单击 File3 和 File5，选中 3 个不连续的文件，如图 3.2.5 所示。

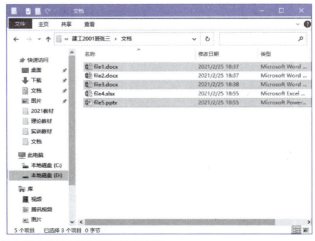

图 3.2.5
选择不连续的文件

单击 file1 选中第 1 个文件，按住 Shift 键，单击 File4，选中 4 个连续的文件，如图 3.2.6 所示。

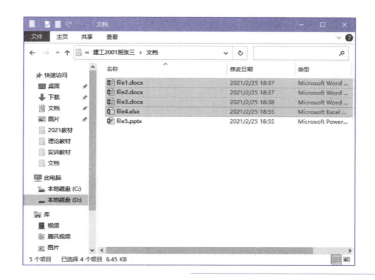

图 3.2.6
选择连续的文件

单击空白处可取消选择。

（7）文件和文件夹的复制

进入"文档"文件夹，选中 File3 文件，按 Ctrl+C 组合键，或者右击，在弹出的快捷菜单中选择"复制"命令。进入"备份"文件夹，按 Ctrl+V 组合键，或者右击，在弹出的快捷菜单中选择"粘贴"命令。此时在"备份"文件夹中会看到复制过来的文件 File3。

文件夹的复制操作方法相同。

（8）文件和文件夹的移动

同时打开"文档"和"备份"文件夹。

选中"文档"文件夹中的 File1 文件，按 Ctrl+X 组合键，或者右击，在弹出的快捷菜单中选择"剪切"命令。进入"备份"文件夹，按 Ctrl+V 组合键，或者右击，在弹出的快捷菜单中选择"粘贴"命令。文件 File1 就从"文档"文件夹移动到"备份"文件夹了。

选中"文档"文件夹中的 File2，直接拖动至"备份"文件夹，会看到 File2 文件从"文档"文件夹移动到了"备份"文件夹中。

选中"文档"文件夹中的 File4 文件，按住 Ctrl 键并拖动至"备份"文件夹，在"备份"文件夹中会看到复制过来的 File4 文件。

【提示】

注意直接拖动是移动文件，按 Ctrl 键拖动是复制文件。

操作前的"文档"文件夹和"备份"文件夹如图 3.2.7 所示，操作后的"文档"文件夹和"备份"文件夹如图 3.2.8 所示。

文件夹的移动操作方法相同。

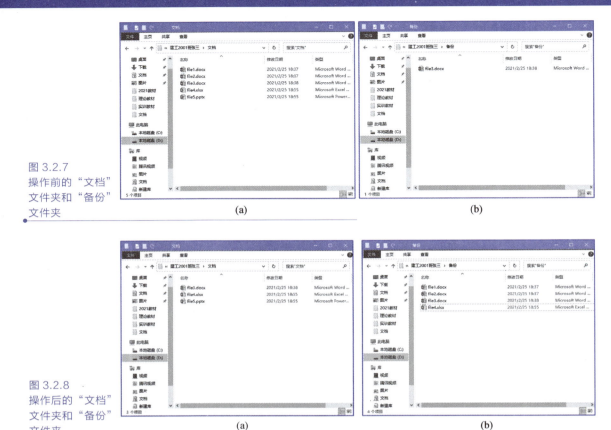

图 3.2.7
操作前的"文档"
文件夹和"备份"
文件夹

(a)   (b)

图 3.2.8
操作后的"文档"
文件夹和"备份"
文件夹

(a)   (b)

（9）文件和文件夹的更名

进入"备份"文件夹，选中 File1 文件，右击，在弹出的快捷菜单中选择"重命名"命令，输入新的文件名"文件 1"，就将文件 File1.docx 更名为"文件 1.docx"了。

文件夹的更名操作方法相同。

（10）文件和文件夹的删除

进入"备份"文件夹，选中 File4 文件，按 Delete 键，或者右击，在弹出的快捷菜单中选择"删除"命令就删除了 File4.xlsx 文件。执行删除操作后的"备份"文件夹和"回收站"如图 3.2.9 所示。

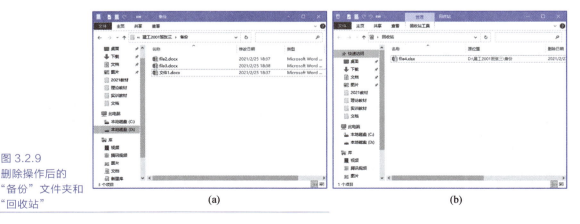

图 3.2.9
删除操作后的
"备份"文件夹和
"回收站"

(a)   (b)

文件夹的删除操作方法相同。

（11）文件属性的设置

双击打开"备份"文件夹中的"文件1.docx"，输入"因空文档无法更改文件属性的详细信息内容，故输入此段文字完成对文档的编辑操作使它不再是空文档"，保存"文件1.docx"。

右击"文件1.docx"，在弹出的快捷菜单中选择"属性"命令，在弹出的"文件1.docx属性"对话框中，在"常规"选项卡中选中"只读"或"隐藏"复选框后单击"确定"按钮，就将"文件1.docx"设置成只读或者隐藏了。

选择"详细信息"选项卡，更改标题内容为"文件和文件夹操作实验"，更改主题为"更改文件属性"，更改作者为"张三"，单击"确定"按钮完成更改。完成上述操作后的结果如图3.2 10所示。

微课 3-1
文件和文件夹属性
设置

(a)

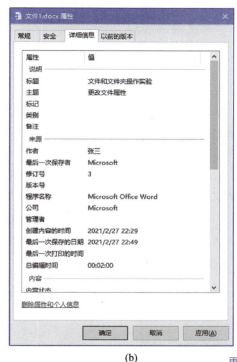

(b)

图 3.2.10
更改文件属性对话框

文件夹属性的更改操作方法与此基本相同，"常规"选项卡也是更改"只读"或"隐藏"属性，不过文件夹属性没用"详细信息"选项卡，而是换成了"共享"选项卡，在此可以更改文件夹的共享属性。

任务 3.2　Windows 工具软件的使用

（1）"计算器"的使用

打开"开始"菜单，找到字母 J 就找到了"计算器"，单击打开"计算器"，单击左上角的"打开导航"按钮 ☰ 展开下拉菜单，如图 3.2.11 所示。在菜单中选择"程序员"命令选择工作模式，在此可完成不同数制的转换。如先在左侧选择"OCT"项，输入 56，会显示出八进制数 56 及其对应的十六进制值 2E、十进制值 46 和二进制值 00101110，操作结果如图 3.2.12 所示。其他数制转换操作方法相同。

图 3.2.11
"计算器"模式选择

图 3.2.12
"计算器"数制转换
操作

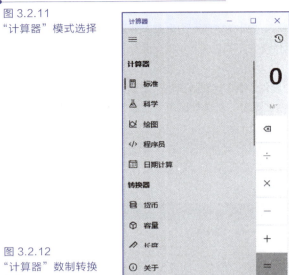
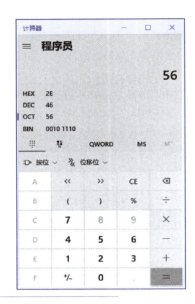

在导航下拉菜单中还可以选择"科学""绘图"等计算模式或"货币""容量""长度"等转换模式。

（2）"记事本"的使用

选择"开始"→"Windows 附件"→"记事本"菜单命令，在记事本编辑区输入"文本文件编辑操作，在此可编辑一个扩展名为.txt 的文本文件。"，如图 3.2.13 所示。

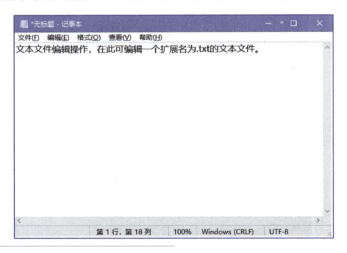

图 3.2.13
"记事本"文本编辑操作

选择"文件"→"另存为"命令，在对话框中先通过"导航窗格"和"工作区"选择文件保存位置，如图 3.2.14 所示的"D 盘\建工 2001 班张三\文档"文件夹，在下方输入文件名 File1，完成文件的保存。打开"文档"文件夹，可以看到新增加了一个 File1.txt 文件。

【提示】

再次强调保存文件时只需要输入文件名，扩展名是由保存类型决定的，不需要输入。

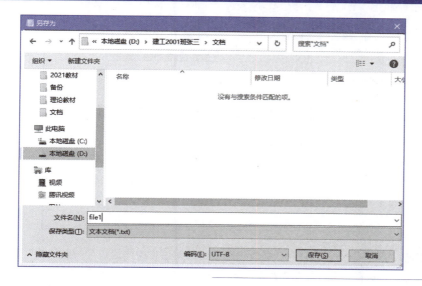

图 3.2.14
文件保存操作

（3）"画图"的使用

选择"开始"→"Windows 附件"→"画图"菜单命令，在打开的对话框中单击形状中的矩形，然后在工作区绘制一个矩形。单击"颜色 1"按钮，在下拉列表中选择"颜色"面板中的红色，更改边框颜色为红色；单击"颜色 2"按钮，在下拉列表中选择"颜色"面板中的绿色，单击"填充"按钮，在下拉列表中选择"纯色"，将矩形内部填充为绿色。得到如图 3.2.15 所示的画图结果。选择线条或其他形状，重复上述操作，即可完成一些简单图形的绘制。

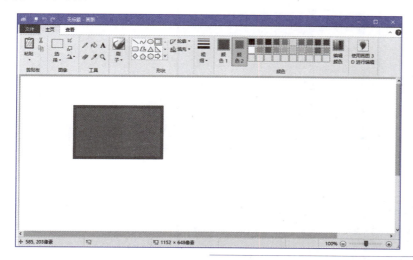

图 3.2.15
使用附件中的"画图"
绘制矩形

在"建工 2001 班张三"的文件夹下创建一个"图片"子文件夹，将完成的绘图使用"另存为"命令保存至"图片"文件夹，文件名为 File1.png。

（4）"截图工具"的使用

打开"开始"菜单，找到字母 J 就找到了"截图和草图"工具，单击打开，在"截图工具"对话框中单击"新建"按钮，此时屏幕其他部分会变成磨砂状，按住鼠标左键框选出要截图的区域，会得到如图 3.2.16 所示的界面。

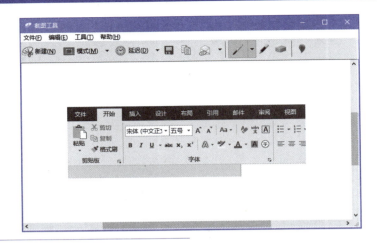

图 3.2.16
截图后的"截图工具"界面

选择"文件"→"另存为"命令，在打开的对话框中先通过"导航窗格"和"工作区"选择文件保存位置，如图 3.2.17 所示的"D 盘\建工 2001 班张三\图片"文件夹，先选择保存类型为"JPEG 文件（*.JPG）"，再输入文件名"截图 1"。如此就在"图片"文件夹中保存了一个"截图 1.JPG"的文件。

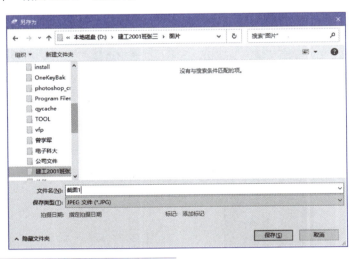

图 3.2.17
保存截图文件操作

【提示】

　　此处注意文件类型的操作，如果先输入文件名再选择文件类型，那么在文件名处自动会添加文件扩展名，也不需要用户自己输入扩展名。

（5）提交作业

将"建工 2001 班张三"文件夹上传至教师机。

微课 3-2
个性化设置

任务 3.3　"设置"和"控制面板"的使用

（1）个性化计算机

选择"开始"→"设置"菜单命令，在打开的窗口中单击"个性化"→"背景"项，出现如图 3.2.18 所示的"设置-背景"窗口。

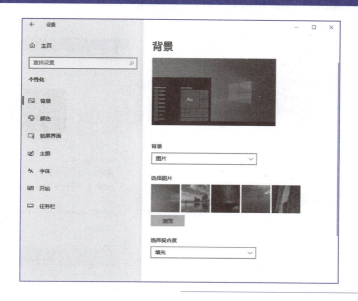

图 3.2.18
"设置-背景"窗口

（2）更改桌面背景

在"选择图片"处选择一张图片，或者单击下面的"浏览"按钮可以查找计算机中的其他图片作为桌面背景。再在"选择契合度"下拉列表中选择"居中"选项。再单击"选择你的背景色"区的"绿色"色块，可以得到如图 3.2.19 所示的桌面。

图 3.2.19
更改背景后的桌面

（3）锁屏和屏幕保护程序设置

选择"开始"→"设置"菜单命令，在打开的窗口中单击"个性化"→"锁屏界面"项，出现如图 3.2.20 所示的"设置-锁定界面"窗口。在"背景"下拉列表中选择一张图片作为计算机锁屏时的背景图案。

单击下方的"屏幕超时设置"超链接，在打开的对话框中设置无操作屏幕黑屏的时间为 15 分钟、无操作计算机进入睡眠状态的时间为 35 分钟。

单击"屏幕保护程序设置"超链接，在打开的对话框的"屏幕保护程序"下拉列表中选择"变换线"项，并设置等待时间 1 min，上方可以预览屏保的效果，如图 3.2.21 所示，单击"确定"按钮。回到桌面，不做任何操作 1 min 后自动启动屏幕保护程序。

图 3.2.20
"设置－锁屏界面"
窗口

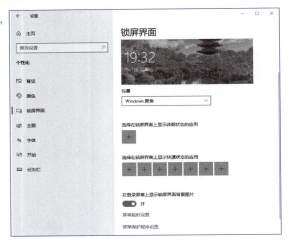

图 3.2.21
屏幕保护程序
设置

（4）更改屏幕分辨率

选择"开始"→"设置"菜单命令，在打开的窗口中单击"系统"→"显示"项，出现如图 3.2.22 所示的窗口。在窗口中通过单击对应项目右侧的三角按钮展开下拉列表，在下拉列表中选择对应的项，将"更改文本、应用等项目的大小"调整为 150%，查看屏幕会发现图标和文字都变大了。

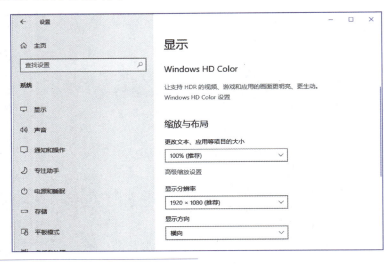

图 3.2.22
"设置－显示"窗口

将"显示分辨率"调整为 1 440×900，单击"保留更改"按钮，可以看到屏幕不是全屏了，显示区域比原来小了一点，清晰度也低了一点。将"显示方向"调整为纵向，会发现任务栏在屏幕的右侧去了。

（5）调整鼠标设置

依次选择"开始"→"Windows 系统"→"控制面板"菜单命令，在打开的窗口中单击"硬件和声音"→"鼠标"项，打开"鼠标 属性"对话框。

选择"鼠标键"选项卡，将"双击速度"调整到最快，选中"切换主要和次要的按钮"复选框，如图 3.2.23 所示。操作鼠标会发现以前单击左键的操作需要单击右键才能完成，双击操作需要单击很快才能完成。

微课 3-3
调整鼠标设置

选择"指针"选项卡，设置指针方案为"Windows 黑色（大）（系统方案）"，如图 3.2.24 所示。在右侧的预览以及实际操作位置上显示的鼠标指针就由原来的白色变成了黑色。

图 3.2.23
调整"鼠标键"

图 3.2.24
调整指针方案

选择"指针选项"选项卡，将指针移动速度调整到最慢，选中"显示指针轨迹"和"当按 Ctrl 键时显示指针的位置"复选框，如图 3.2.25 所示。操作鼠标会发现移动速度变慢了，鼠标移动时会出现拖尾，按 Ctrl 键会出现一个向鼠标位置的收缩波，这 2 个选项都是为了方便用户在复杂环境中快速找到鼠标。

选择"滑轮"选项卡，选中"一次滚动一个屏幕"单选按钮，如图 3.2.26 所示。

图 3.2.25
调整"指针选项"

图 3.2.26
调整滑轮

单击"确定"按钮，检查鼠标键更改后的操作情况。

（6）卸载程序

依次选择"开始"→"Windows 系统"→"控制面板"菜单命令，在打开的窗口中单击"卸载程序"项，在弹出的"程序和功能"窗口中选择要卸载的程序，如图 3.2.27 所示的"恒星播放器"，在上方"组织"的右侧会出现"卸载/更改"按钮，单击该按钮就可以把"恒星播放器"程序卸载了。

图 3.2.27
"程序和功能"窗口

【提示】

　　Windows 在安装程序时会将程序的相关信息写入注册表，因此卸载程序一定要使用自带的"卸载"或者在这里完成，不能直接删除程序。

微课 3-4
用户账户管理

（7）用户账户管理

　　依次选择"开始"→"设置"菜单命令，在打开的窗口中单击"账户"→"其他用户"→"将其他人添加到这台电脑"项，打开"本地用户和组"对话框，单击"用户"可以查看本机已有的账户，右击，在弹出的快捷菜单中选择"新用户"命令，在打开的对话框中输入用户名"zhangsan"、全名"张三"和密码"123456"，然后单击"创建"按钮就完成了新账户的创建，如图 3.2.28 所示。

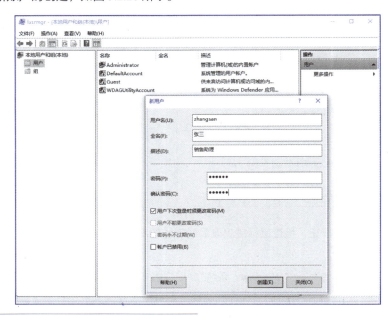

图 3.2.28
新建账户操作界面

依次选择"开始"→"Windows 系统"→"控制面板"菜单命令，在打开的窗口中单击"用户账户"→"更改账户类型"项，打开"管理账户"窗口，在这里就可以看到刚刚新建的"张三"账户了。单击"张三"账户，会进入"更改账户"窗口，如图 3.2.29 所示。在此就可以对已有的账户进行"更改账户名称""更改密码""更改账户类型"和"删除账户"的操作。

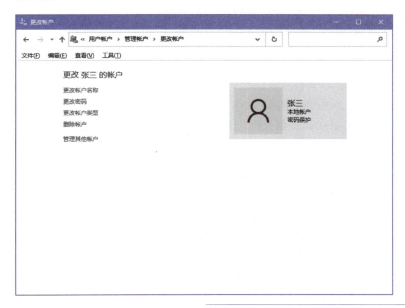

图 3.2.29
"更改账户"窗口

完成新建账户后，可以重启计算机，在登录界面选择"张三"进行登录。

3.3 项目总结

Windows 的中文含义就是"窗口"。由此可见，窗口对于 Windows 操作系统的重要性。用户要想熟练使用 Windows 系统，一定要了解窗口的基础知识并掌握对窗口的基本操作，这是熟练使用 Windows 系统的前提。

文件是计算机使用的程序和数据的一种存储和表现形式，在 Windows 下的很多操作都体现为对文件的操作，所以对文件和文件夹的各种操作也是用户必须要熟练掌握的，而且文件和文件夹的操作也是计算机等级考试对于计算机基本操作考核的内容。因此，通过本项目任务 3.1 的操作练习，希望用户能够熟练掌握对窗口、文件和文件夹的基本操作方法，学会熟练使用计算机的第一步。

Windows 系统的所有操作都可以通过"开始"菜单作为入口进入，在此除了可以运行其他应用程序外，Windows 还提供了众多的工具软件，以方便用户完成不同的任务。通过任务 3.2 的操作练习，可以使用户学会使用 Windows 提供的这些工具。

"设置"和"控制面板"则是 Windows 操作系统的核心，对系统的大部分设置都是通过"设置"和"控制面板"实现的，通过任务 3.3 的操作练习，可以使用户熟练地掌握设置 Windows，为使用计算机提供一个熟悉的工作环境，进而学会在使用计算机过程中通过调整设置来解决遇到的一些实际问题。

3.4　项目拓展

1. 组合键操作

输入法的切换：Ctrl+Shift 组合键，在已安装的输入法之间进行切换。

窗口切换：Alt+Tab 组合键或 Alt+Esc 组合键，正向或反向切换窗口。

打开"开始"菜单：Ctrl+Esc 组合键，可以在鼠标失灵时通过键盘打开"开始"菜单。

全选：Ctrl+A 组合键，选中全部对象。

复制对象：Ctrl+C 组合键和 Ctrl+V 组合键，通过复制快捷键和粘贴快捷键复制对象。

移动对象：Ctrl+X 组合键和 Ctrl+V 组合键，通过剪切快捷键和粘贴快捷键移动对象。

删除对象：Shift+Delete 组合键，删除对象至回收站或者永久删除对象。

通过对上述组合键的练习，做到熟能生巧，养成左手键盘、右手鼠标的操作习惯，这样才可以大大提高用户操作计算机的速度。

2. "任务管理器"的操作

① 按下 Ctrl+Alt+Delete 组合键，单击屏幕中间的"任务管理器"按钮；或者右击任务栏空白处，在弹出的快捷菜单中选择"任务管理器"命令，都可以打开"任务管理器"窗口。单击下方的"详细信息"按钮可以看到显示的所有 Windows 程序进程。

② 打开在任务 3.2 中建立的"建工 2001 班张三"文件夹下的"文档"文件夹，运行 File3.docx 文件，此时可以看到"任务管理器"里面的"Microsoft Word"后面多了（2），表示当前运行了 2 个 Word 文件，此处双击即可看到这 2 个文件的名字，如图 3.4. 1 所示。

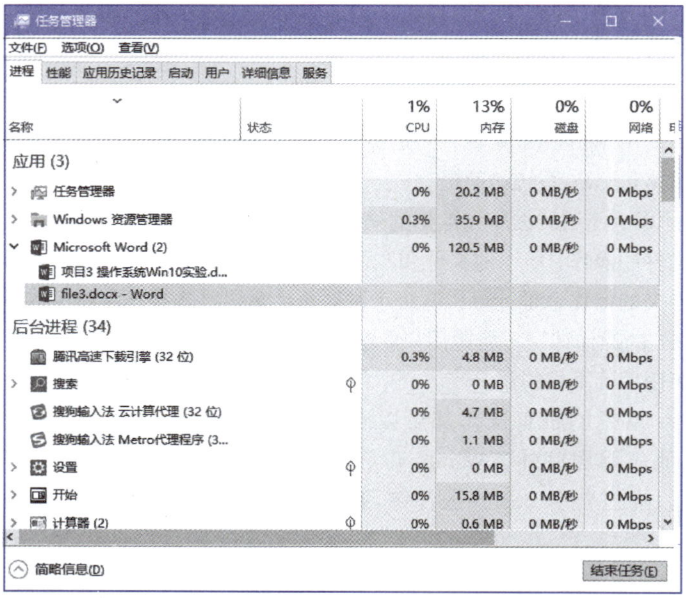

图 3.4.1
"任务管理器"窗口

③ 选中 File3.docx-Word，单击"结束任务"按钮，可以关闭 File3.docx 文件的进程，进而关闭 File3.docx 文件。

【提示】

　　在使用计算机的过程中，会遇到有些程序无响应的状态，可能会影响用户对其他程序甚至整个计算机的操作。这种情况下，就可以运用上面的方法把无响应状态的程序关闭了。

　　在操作过程中要特别注意，一般情况下只对"应用"部分的程序关闭进程，对于下面的后台进程特别是 Windows 进程，不要随意关闭，否则可能引起系统出错导致计算机无法正常使用。

3. 查看"资源监视器"

　　① 依次选择"开始"→"Windows 管理工具"→"资源监视器"菜单命令，在打开的窗口中选择"CPU"选项卡，如图 3.4.2 所示。在此可以查看本机运行所有进程（程序）占用 CPU 资源的详细信息。

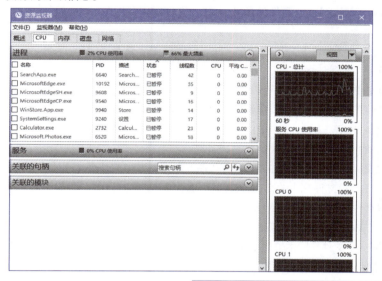

图 3.4.2
程序占用 CPU 资源
详细信息

　　② 选择"内存"选项卡，如图 3.4.3 所示，在此可以查看本机运行所有程序占用内存资源的详细信息。

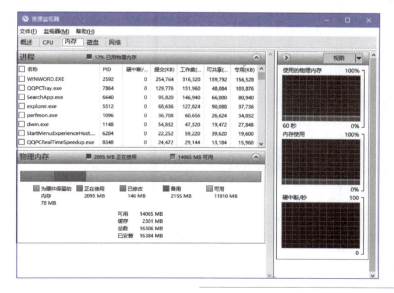

图 3.4.3
程序占用内存资源
详细信息

③ 选择"磁盘"选项卡和"网络"选项卡还可以查看程序占用硬盘和网络资源的情况。

3.5　思考与练习

1. 关闭窗口的操作方法有哪些？

2. 复制文件或文件夹的操作方法有哪些？

3. 根据素材内容进行如下操作：

（1）选中"备份"文件夹中的 File2.docx 文件，右击，在弹出的快捷菜单中选择"删除"命令。

（2）选中 File3.docx 文件，按下 Shift+Delete 组合键。

（3）将"图片"文件夹中的 File1.png 文件复制到 U 盘，在 U 盘中选中 File1.png 文件，右击，在弹出的快捷菜单中选择"删除"命令。

（4）在"回收站"中查看这些文件删除后的状态。此时回收站中只有 File2.docx 文件，File3.docx 文件和 File1.png 文件则被永久删除了。

4. 在本题中的"素材文件夹"下完成相应操作，不限制操作方式。

（1）在素材文件夹下的 GOOD 文件夹中，新建一个名为 FOOT.DOCX 的文件。

（2）将素材文件夹下 GANG\WEI 文件夹中的 RED.TXT 文件重命名为 RRED.TXT。

（3）搜索素材文件夹下的 DENG.DAT 文件，然后将其删除。

（4）将素材文件夹下 BEN\TOOL 文件夹中的 BAG 文件夹复制到素材文件夹。

（5）为素材文件夹下 TABLE 文件夹中的 TTT 文件建立名为 3T 的快捷方式，存放在素材文件夹下。

5. 在本题中的"素材文件夹"下完成相应操作，不限制操作方式。

（1）在素材文件夹下的 WORK 文件夹中新建一个 ENGLISH 文件夹。

（2）将素材文件夹下 BIAO 文件夹中的文件 ZHUN.BMP 重命名为 BOS.BMP。

（3）搜索素材文件夹下的 PRG.C 文件，然后将其删除。

（4）将素材文件夹下 COOL 文件夹中的 SUN 文件夹复制到素材文件夹下并命名为 OK。

（5）为素材文件夹下 WAN 文件夹中的 XYZ.TXT 文件建立名为 RXYZ 的快捷方式，存放在素材文件夹下。

项目 4　Word 基本应用——制作求职简历

4.1　项目要求和分析

1．项目要求

当你毕业找工作时，到任何一个招聘单位要做的第一件事情就是要投递简历。简历是招聘人员了解你的第一个途径。一份好的简历，可以在众多求职简历中脱颖而出，给招聘人员留下深刻的印象，然后决定给你面试通知，它是帮助你应聘成功的敲门砖。结合所学到的 Word 知识，结合所给素材内容，创建一份求职简历，如图 4.1.1 和图 4.1.2 所示。

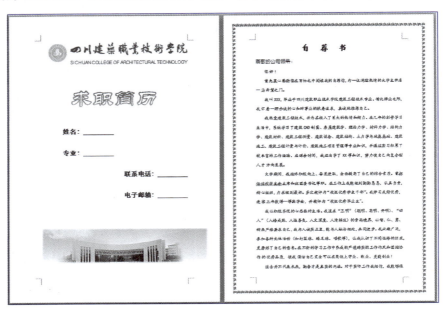

图 4.1.1
需要制作的求职简历

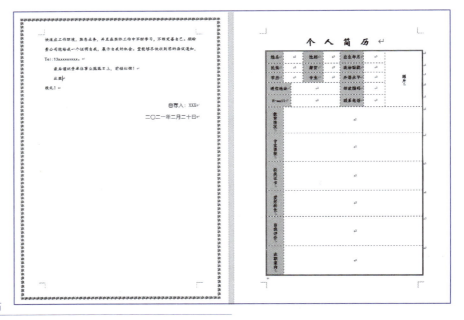

图 4.1.2
需要制作的求职简历

2．项目分析

本项目主要包括封面、自荐书、个人简历表 3 部分内容，具体要求如下。

① 用适当的图片、艺术字、文字等对象，制作与自己的专业或学校相关的封面。

② 根据自己的实际情况输入一份"自荐书"，并对"自荐书"的内容进行字符格式化及段落格式化设置。注意，要使内容分布合理，不要留太多空白，也不要太拥挤。

③ 将你的学习经历以及个人信息（班级、姓名、学号、性别、个人兴趣爱好）等用表格直观地分类列出，如果愿意，可插入一张你本人的照片。

本项目主要用到的 Word 知识如下。

① 字符和段落格式化的使用方法。

② 表格的制作、单元格的设置方法。

③ 图片的插入、图片大小和位置的调整。

④ 制表符的使用。

⑤ 页面边框的设置方法。

4.2　实现步骤

1．Word 文档的建立和保存

新建 Word 文档"求职简历.docx"，保存在老师指定的文件夹下。操作步骤如下。

步骤 1：启动 Word 2016，默认文档名为"文档 1.docx"。

步骤 2：选择"文件"→"另存为"命令，打开"另存为"对话框，在目的驱动器中指定存放位置的文件夹（如"D:\张三"）。

步骤 3：在"文件名"组合框中输入文件名"求职简历"，如图 4.2.1 所示。

图 4.2.1
在"另存为"对话框
中设置参数

步骤 4：单击"保存"按钮，Word 2016 保存文档时自动增加扩展名"docx"。

2．输入"自荐书"内容

步骤如下。

步骤 1：启动中文输入法。

步骤 2：顶格输入文字"自荐书"，按 Enter 键结束当前段落。

步骤 3：用相同的方法输入其他内容，如图 4.2.2 所示，并将文中的"×××"用自己实际的情况代替。

自荐书↓
尊敬的公司领导：↓
您好！↓
首先衷心感谢您在百忙之中阅读我的自荐信，为一位满腔热情的大学生开启一扇希望之门。↓
我叫 XXX，毕业于四川建筑职业技术学院建筑工程技术专业。借此择业之际，我怀着一颗赤诚的心和对事业的执着追求，真诚地推荐自己。↓
我热爱建筑工程技术，并为其投入了巨大的热情和精力。在几年的刻苦学习生活中，系统学习了建筑 CAD 制图、房屋建筑学、理论力学、材料力学、结构力学、建筑材料、建筑工程测量、建筑设备、建筑结构、土力学与地基基础、建筑施工、建筑工程计量与计价、建筑施工项目管理等专业知识，并通过实习积累了较丰富的工作经验。在课余时间，我还自学了 XX 等知识，努力使自己向复合型人才方向发展。↓
大学期间，我始终积极向上、奋发进取，全面提高了自己的综合素质。曾担任过校学生会主席和班团委书记等职。在工作上我能做到勤勤恳恳，认真负责，精心组织，力求做到最好。多次被评为"校级优秀学生干部"。我学习成绩优秀，连续三年获得一等奖学金，并被评为"校级优秀毕业生"。↓
我以积极乐观的心态面对生活。我追求"三明"（聪明、高明、开明）、"四人"（人格成熟、人性善良、人文深度、人情练达）的崇高境界，以智、仁、勇、精来严格要求自己，我为人诚实正直，能与人融洽相处，共同进步。我兴趣广泛，参加各种文体活动（如打篮球、踢足球、唱歌等），让我认识了不同性格的朋友，更磨炼了自己的意志。在不断的学习工作中养成的严谨踏实的工作作风和团结协作的优秀品质，使我深信自己完全可以在岗位上守业、敬业，更能创业。↓
过去并不代表未来，勤奋才是真实的内涵。对于实际工作我相信，我能够很快适应工作环境，熟悉业务，并且在实际工作中不断学习，不断完善自己。期盼贵公司能给我一个证明自我，展示自我的机会。望能够尽快收到您的面试通知，Tel:13xxxxxxxxx。↓
最后谨祝贵单位事业蒸蒸日上，前程似锦！↓
此致↓
敬礼！↓
自荐人：XXX↓
xxxx 年 xx 月 xx 日↓

图 4.2.2
"自荐书"样文

步骤 4：最后一行日期的输入是选择"插入"选项卡，单击"文本"选项组中的"日期和时间"按钮，打开"日期和时间"对话框，选中"自动更新"复选框，在"可用格式"列表框中选择所需的日期格式，单击"确定"按钮即可，如图 4.2.3 所示。

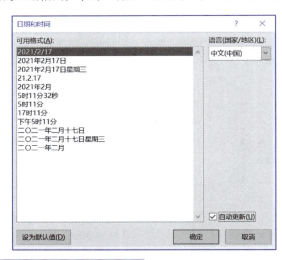

图 4.2.3
"日期和时间"对话框

3．"自荐书"的字符格式化

（1）将文本"自荐书"设置为"华文新魏、一号、加粗、字符间距为加宽 12 磅"
操作步骤如下。

步骤1：选定要设置标题的文本"自荐书"。

步骤2：在"开始"选项卡"字体"选项组中的"字体"下拉列表中选择"华文新魏"项，如图4.2.4所示。

步骤3：在"开始"选项卡"字体"选项组中的"字号"下拉列表中选择"一号"项，如图4.2.5所示。

图4.2.4
"字体"下拉列表

图4.2.5
"字号"下拉列表

步骤4：单击"开始"选项卡"字体"选项组中的"加粗"按钮 **B**。

步骤5：单击"开始"选项卡"字体"选项组右下角的对话框启动器，在打开的"字体"对话框中选择"高级"选项卡，在"间距"下拉列表中选择"加宽"选项，在对应的"磅值"数字框中输入"12磅"，如图4.2.6所示。

步骤6：单击"确定"按钮。

（2）将"尊敬的公司领导："、"自荐人：×××"、"××××年××月××日"文本设置成"幼圆，四号"

操作步骤如下。

步骤1：选定要设置的文本"尊敬的公司领导："。

步骤2：在"开始"选项卡"字体"选项组中的"字体"下拉列表中选择"幼圆"选项。

步骤3：在"开始"选项卡"字体"选项组中的"字号"下拉列表中选择"四号"选项。

步骤4：双击"开始"选项卡"剪贴板"选项组中的"格式刷"按钮，如图4.2.7所示。

图4.2.6
"字体"对话框

图4.2.7
"格式刷"按钮

步骤5：鼠标指针变成 时，分别选择目标文本"自荐人：×××"、"××××年×

×月××日"进行相同格式的复制。

步骤 6：再次单击"格式刷"按钮或按 Esc 键，关闭格式复制功能。

（3）将自荐书中的其余文字设置成"楷体，小四"

操作步骤如下。

步骤 1：选中自荐书中的其余文字。

步骤 2：在"开始"选项卡"字体"选项组中的"字体"下拉列表中选择"楷体"选项。

步骤 3：在"开始"选项卡"字体"选项组中的"字号"下拉列表中选择"小四"选项。

4．"自荐书"的段落格式化

（1）将标题"自荐书"设置为"居中对齐"，将正文段落（第 3 段"您好！"到倒数第 3 段"敬礼！"）设置为两端对齐、首行缩进 2 个字符、1.75 倍行距

操作步骤如下。

步骤 1：选中标题"自荐书"段落。

步骤 2：单击"开始"选项卡"段落"选项组中的"居中"按钮，如图 4.2.8 所示。

图 4.2.8
"段落"选项组的
"居中"按钮

步骤 3：选定正文段落。

步骤 4：单击"开始"选项卡"段落"选项组右下角的对话框启动器按钮，打开"段落"对话框。

步骤 5：在"段落"对话框中，选择"缩进与间距"选项卡，在"常规"区域内的"对齐方式"下拉列表中选择"两端对齐"选项。

步骤 6：在"缩进"区域中的"特殊"下拉列表中选择"首行"，在"缩进值"数值框中输入"2 字符"。

步骤 7：在"间距"区域内的"行距"下拉列表中选择"多倍行距"项，在"设置值"数值框中输入"1.75"，如图 4.2.9 所示。

步骤 8：单击"确定"按钮。

（2）利用水平标尺将"敬礼！"段的"首行缩进"取消

操作步骤如下。

步骤 1：将插入点置于"敬礼！"段的任意位置。

步骤 2：向左拖动标尺上的"首行缩进"标记到"左缩进"重叠处，如图 4.2.10 所示，释放鼠标。

（3）先将样文中的最后两段设置为右对齐，再将"自荐人：×××"所在段落设置为"段前间距 20 磅"

操作步骤如下。

步骤 1：选定最后两段。

步骤 2：选择"开始"选项卡，单击"段落"选项组中的"文本右对齐"按钮 ≡。

步骤 3：将插入点置于"自荐人：×××"所在段落中的任意位置。

图 4.2.9
"段落"对话框

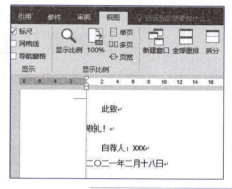

图 4.2.10
"首行缩进"标记到
"左缩进"重叠处

步骤 4：右击，在弹出的快捷菜单上选择"段落"命令，如图 4.2.11 所示，打开"段落"对话框。

步骤 5：在"段落"对话框中选择"缩进和间距"选项卡，在"间距"区域内的"段前"数值框中输入"20 磅"，如图 4.2.12 所示。

图 4.2.11
快捷菜单上的"段落"
命令

图 4.2.12
"段落"对话框

步骤 6：单击"确定"按钮。

步骤 7：单击快速访问工具栏中的"保存"按钮，保存"求职简历.docx"文档。

5．制作"个人简历"表格

微课 4-2
求职简历中的表格
处理

（1）输入表格标题"个人简历"，使用格式刷复制"自荐书"中的标题格式

操作步骤如下。

步骤 1：按快捷键 Ctrl+End，将插入点定位到文档的最后面。

步骤 2：单击"布局"选项卡"页面设置"选项组中的"分隔符"按钮，弹出如图 4.2.13 所示的下拉列表，在下拉列表中选择"分节符"类型区域的"下一页"选项。

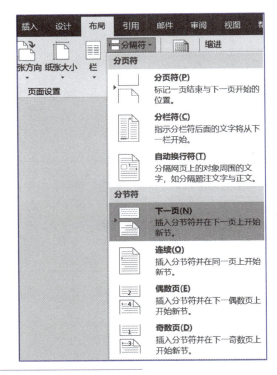

图 4.2.13
"分隔符"下拉列表

步骤 3：光标将定位到文档中的新一页（即自荐书的下一页），输入文字"个人简历"。

步骤 4：选定"自荐书"作为样本文本，用"格式刷"复制字符格式到"个人简历"。

（2）绘制表格

操作步骤如下。

步骤 1：按 Enter 键，将光标定位于"个人简历"的下一段。

步骤 2：单击"开始"选项卡"样式"选项组中的"样式"下拉按钮，在下拉列表中选择"清除格式"命令，如图 4.2.14 所示，使上面用格式刷复制的字体格式在这一段上失效。

步骤 3：单击"插入"选项卡"表格"选项组中的"表格"按钮。

步骤 4：在弹出的下拉列表中选择"绘制表格"命令，如图 4.2.15 所示。

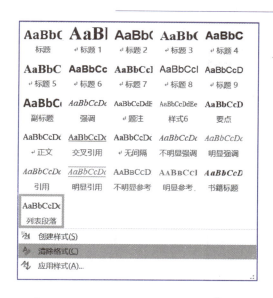

图 4.2.14
"样式"下拉列表

图 4.2.15
"绘制表格"命令

步骤 5：当鼠标指针变为铅笔形状 ⫽ 时，绘制如图 4.2.16 所示的表格。

步骤 6：选择第 7 列的第 1～5 行单元格。

步骤 7：在"表格工具 | 布局"选项卡的"合并"选项组中单击"合并单元格"按钮，如图 4.2.17 所示。

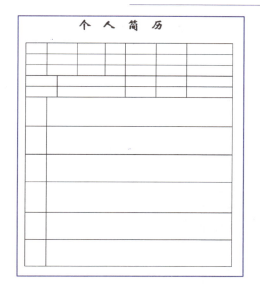

图 4.2.16
绘制的表格

图 4.2.17
"合并单元格"按钮

（3）参照图 4.1.2 的样表，在单元格中输入相应的文字，如"姓名""性别""出生年月"……"求职意向"等。将表格中的文字设置为"仿宋、小四、加粗"，设置底纹为"浅灰色，背景 2，深色 10%"

操作步骤如下。

步骤 1：单击需要输入文字的单元格，输入相应的文字"姓名""性别""出生年月"……"求职意向"等，如图 4.2.18 所示。

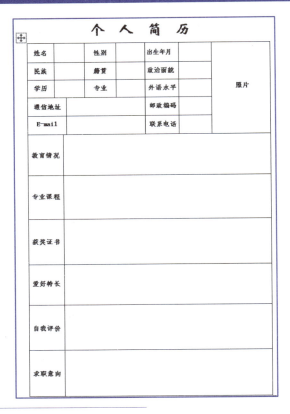

图 4.2.18
表格中输入文字内容

步骤 2：先选中第 1 个单元格，然后按住 Ctrl 键的同时选中输入文字的其他单元格。

步骤 3：在"开始"选项卡"字体"选项组的"字体"下拉列表中选择"仿宋"选项。

步骤 4：在"开始"选项卡"字体"选项组的"字号"下拉列表中选择"小四"选项。

步骤 5：单击"开始"选项卡"字体"选项组中的"加粗"按钮 **B**。

步骤 6：在"表格工具|设计"选项卡的"表格样式"选项组中单击"底纹"下拉按钮，在弹出的下拉面板中选择"浅灰色，背景 2，深色 10%"样式，如图 4.2.19 所示。

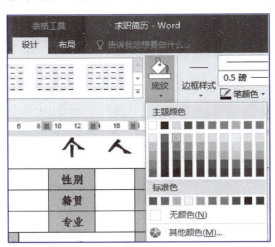

图 4.2.19
"底纹"下拉按钮

步骤7：调整表格的宽度或高度，使制作的表格与样表一致。

（4）将表格第1～5行的行高设置为0.8 cm，将表格第1～5行单元格中的文字对齐方式设置为"水平居中"，将"照片""教育情况""专业课程""获奖证书""爱好特长""自我评价""求职意向"单元格中的文字方向改为竖排，并设置为"中部居中"

操作步骤如下。

步骤1：选中表格第1～5行。

步骤2：在"表格工具｜布局"选项卡"单元格大小"选项组的"高度"文本框中输入"0.8厘米"，在"对齐方式"选项组中单击"水平居中"按钮，如图4.2.20所示。

图 4.2.20
在"表格工具｜
布局"选项卡
中设置单元格
高度和文字的
对齐方式

步骤3：选定"照片"单元格和表格第6～11行第1列的单元格。

步骤4：右击，在弹出的快捷菜单中选择"文字方向"命令，如图4.2.21所示。

步骤5：打开"文字方向–表格单元格"对话框，在"方向"选项区域中选择竖排文字，如图4.2.22所示。

图 4.2.21
"文字方向"命令

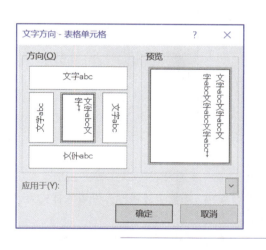

图 4.2.22
"文字方向–表格
单元格"对话框

步骤6：单击"确定"按钮。

步骤7：在"表格工具｜布局"选项卡的"对齐方式"选项组中单击"中部居中"按钮，如图4.2.23所示。

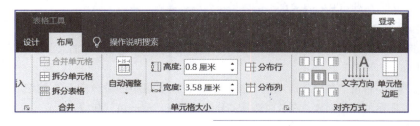

图 4.2.23
设置文字"中部居中"

（5）参照图 4.1.2 所示表格样例，将表格的内侧框线设置为"**虚线**…………"，外侧框线设置为"**双细线 ══════════**"

操作步骤如下。

步骤 1：选定整个表格。

步骤 2：选择"表格工具 | 设计"选项卡，单击"边框"选项组中的"笔样式"按钮，在下拉列表中选择"…………"样式，如图 4.2.24 所示。

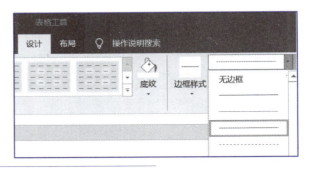

图 4.2.24
"笔样式"下拉列表

步骤 3：选择"表格工具 | 设计"选项卡，单击"边框"选项组中的"边框"下拉按钮，在其下拉列表中选择"内部框线"选项，如图 4.2.25 所示。

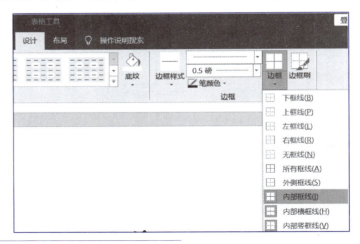

图 4.2.25
"边框"下拉列表

步骤 4：重复上述操作，设置笔样式为"**══════════**"，进行外侧框线的设置。

步骤 5：单击快速访问工具栏中的"保存"按钮，保存"求职简历.docx"文档。

6. 封面制作

微课 4-3
求职简历中的封面

（1）利用"**分节符**"产生封面页，并插入图片"**校徽.jpg**""**校名.jpg**""**校门.jpg**"，调整图片的大小和位置，设置图片的颜色饱和度、色调、重新着色等

操作步骤如下。

步骤 1：打开"求职简历.docx"文档，按快捷键 Ctrl+Home 将插入点移动到文档开始处（即"自荐书"之前）。

步骤 2：单击"布局"选项卡"页面设置"选项组中的"分隔符"按钮，弹出如图 4.2.26 所示的下拉列表，在其中选择"分节符"→"下一页"选项。

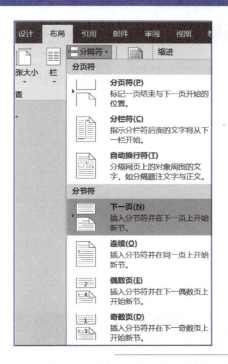

图 4.2.26
"分节符"→"下一页"选项

步骤 3：再次按快捷键 Ctrl+Home 将插入点移动到文档起始位置。

步骤 4：单击"插入"选项卡"插图"选项组中的"图片"按钮，打开"插入图片"对话框。

步骤 5：在该对话框中找到包含指定图片的文件夹，如图 4.2.27 所示，分别将"校徽.jpg""校名.jpg""校门.jpg"图片插入到文档中。

图 4.2.27
"插入图片"对话框

步骤 6：选择"校名.jpg"图片，调整图片的大小和位置。

🖊【说明】

为了便于更好地进行"图文混排"，可将图片文字的环绕方式设置为非"嵌入型"的其他类型，如"四周型"（见图 4.2.28）。

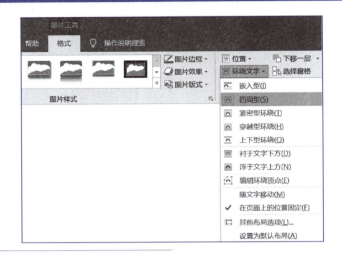

图 4.2.28
改变图片的环绕方式

步骤 7：选择"图片工具 | 格式"选项卡，单击"调整"选项组中的"颜色"按钮，如图 4.2.29 所示。

图 4.2.29
"颜色"按钮

步骤 8：对"校名"图片进行颜色饱和度、色调、重新着色的调整，如图 4.2.30 所示。

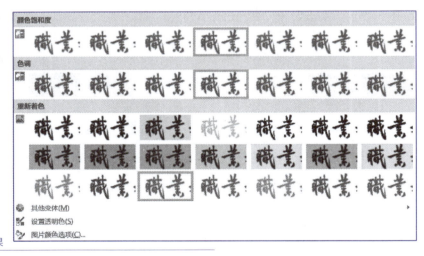

图 4.2.30
调整"校名"图片的效果

步骤 9：选择"校徽.jpg"图片，调整图片的大小和位置。

步骤 10：选择"图片工具 | 格式"选项卡，单击"调整"选项组中的"颜色"按钮，对"校徽"图片进行颜色饱和度、色调、重新着色的调整，如图 4.2.31 所示。

步骤 11：选择"校门.jpg"图片，调整图片的大小和位置。

步骤 12：选择"图片工具 | 格式"选项卡，单击"图片样式"选项组中的"图片效果"按钮，在弹出的下拉列表中选择"柔化边缘"中的选项，对图片进行边缘柔化 5 磅处理，如图 4.2.32 所示。

图 4.2.31
调整"校徽"图片的效果

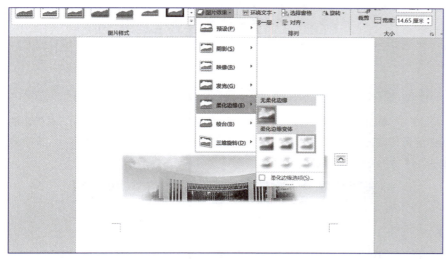

图 4.2.32
"柔化边缘"设置

（2）输入文字"SICHUAN COLLEGE OF ARCHITECTURAL TECHNOLOGY"，并将字体设置为"Arial、小四、蓝色、居中对齐"；输入文字"求职简历"，并将文字设置为"华文隶书、60 磅、蓝色、加粗"，文字效果设置为"填充：白色；边框：蓝色，主题色 1；发光：蓝色，主题色 1"

操作步骤如下。

步骤 1：将插入点定位在"校名"图片的下方，输入文字"SICHUAN COLLEGE OF ARCHITECTURAL TECHNOLOGY"，并选定输入后的文字。

步骤 2：设置字体为"Arial、小四、蓝色、居中对齐"。

步骤 3：按 Enter 键，在新段落中输入文字"求职简历"，并选择该文字。

步骤 4：单击"开始"选项卡"字体"选项组右下角的对话框启动器按钮，打开"字体"对话框。

步骤 5：在该对话框中分别设置为"华文隶书、蓝色、加粗、60 磅"，如图 4.2.33 所示。

图 4.2.33
"字体"对话框

【说明】

　　由于在"字号"下拉列表框中无 60 字号的选项，故需在"字号"文本框中直接输入数值"60"。

　　步骤 6：单击"开始"选项卡"字体"选项组中的"文本效果"按钮，在弹出的下拉列表中选择"填充：白色；边框：蓝色，主题色 1；发光：蓝色，主题色 1"文字效果，如图 4.2.34 所示。单击"确定"按钮。

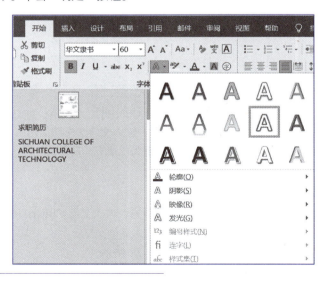

图 4.2.34
"文本效果"下拉列表

　　（3）在封面适当位置输入文字"姓名："专业："联系电话："电子邮箱："，并将字体设置成"华文细黑、小二、加粗"

　　操作步骤如下。

　　步骤 1：在 Word 已设置"即点即输"功能的情况下，将鼠标指针移动到要输入文字的空白区域，当指针变为 I 时双击，插入点自动定位到指定位置，同时在水平标尺中出现一个"左对齐式制表符" ，如图 4.2.35 所示。

步骤 2：在插入点处输入"姓名："，并将文字设置为"华文细黑、小二、加粗"，按 Enter 键。

步骤 3：按 Tab 键，光标对齐到制表位的标记处，输入"专业："，再按 Enter 键。

步骤 4：重复步骤 4，分别在后两段中输入"联系电话："和"电子邮箱："。

步骤 5：同时选择"联系电话："和"电子邮箱："所在段落，将制表位标记在水平标尺上向右移动，如图 4.2.36 所示，改变制表位到新位置后释放鼠标。

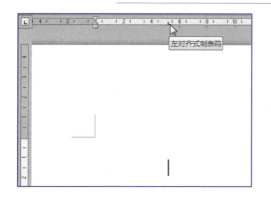

图 4.2.35
启动"即点即输"
功能定位

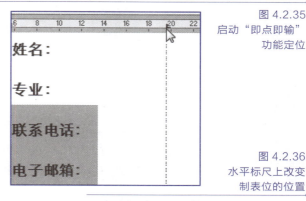

图 4.2.36
水平标尺上改变
制表位的位置

步骤 6：将光标置于文字"姓名："之后，单击"开始"选项卡"字体"选项组中的"下画线"按钮 ，输入空格或自己的姓名。

步骤 7：用相同的方法输入其他内容。

步骤 8：单击快速访问工具栏中的"保存"按钮，保存"求职简历.docx"文档。

7. 为"自荐书"设置页面边框

步骤 1：将插入点定位到"自荐书"所在节的任意位置。

步骤 2：单击"开始"选项卡"段落"选项组中的"边框"下拉按钮，在其下拉列表中选择"边框和底纹"命令，如图 4.2.37 所示。

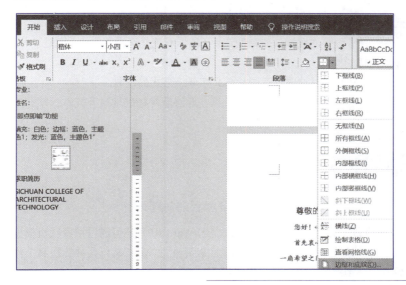

图 4.2.37
选择"边框和底纹"命令

步骤 3：打开"边框和底纹"对话框，在其中选择"页面边框"选项卡，进行艺术型和宽度的设置，如图 4.2.38 所示。

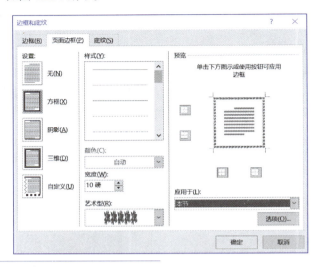

图 4.2.38
艺术型和宽度设置

步骤 4：在"应用于"下拉列表框中选择"本节"项，单击"确定"按钮。

步骤 5：单击快速访问工具栏中的"保存"按钮，保存"求职简历.docx"文档。

4.3　项目总结

本项目主要应用了 Word 文档的排版，包括字符格式、段落格式和页面格式的设置，图片的处理，对文档进行分节以及表格制作等。现总结如下。

① 如果要对已经输入的文字进行字符格式化，必须先选定要设置的文字；要对段落进行格式化，要先选定段落。

② 对于多处相同的字符格式或段落格式，可以使用格式刷进行复制。单击"格式刷"按钮复制一次格式，双击则可复制多次，再次单击"格式刷"按钮后取消格式刷的复制。

③ 文档中"节"的设置可以给文档设计带来方便，在不同的节中，可以设置不同的页面格式。

④ 编辑表格时要注意编辑对象的选定，应弄清楚是选择整个表，还是某一行某一列，或是选择单元格的操作。

⑤ 进行图文混排时，要注意图片与文字环绕方式的设置。

⑥ 制表位是一个对齐文本的有力工具，能够非常精确地对齐文本，掌握制表位的使用能快速、准确地对齐文本。

4.4　项目拓展

根据 Word 模板来创建文档

除了使用通用型的空白文档来建立文档，Word 2016 还可通过搜索联机模板的方式来建立文档。借助这些模板，用户可以创建比较专业的 Word 文档，并能提高工作效率。下面以模板方式来创建个人简历表，操作如下。

步骤 1：选择"开始"选项卡中的"新建"命令，打开"新建"面板。

步骤 2：在"新建"面板的"搜索联机模板"文本框中输入"个人简历"，单击右侧的"搜索"按钮 🔍，如图 4.4.1 所示。

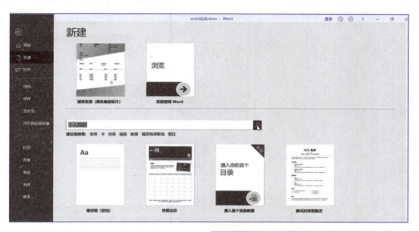

图 4.4.1
"新建"面板

步骤 3：网络中搜索到的结果列表如图 4.4.2 所示，选择需要的模板。

图 4.4.2
网络中搜索到的
"简历"模板

步骤 4：在出现的面板中单击"创建"按钮，如图 4.4.3 所示。

图 4.4.3
创建文档

步骤 5：一个根据模板建立的简历文档便创建成功。用户根据自己的情况输入相应内容即可，当然也可以根据创建的表进行编辑，如图 4.4.4 所示。

图 4.4.4
根据模板创建的简历
文档

4.5　思考与练习

1．将素材按要求排版。

（1）将标题字体设置为"华文行楷"，字形设置为"常规"，字号设置为"小初"，设置"效果"为"空心字"，且居中显示。

（2）将"陶渊明"文本字体设置为"隶书"，字号设置为"小三"，文字右对齐，加阴影边框，宽度应用 1.0 磅显示。

（3）将正文行距设置为 25 磅，段落中特殊格式设置为"首行缩进"。

（4）将"之"字设置为三号、楷体、红色。

2．将素材按要求排版。

（1）将文字段落添加蓝色底纹，设置左、右各缩进 0.8 cm，首行缩进 2 个字符，段后间距 16 磅。

（2）在素材中插入一个 3 行 5 列的表格，并输入各列表头及两组数据，表格对齐方式为水平居中。

（3）用 Word 中提供的公式计算各考生的平均成绩并插入相应单元格中。

3．将素材按要求排版。

（1）将文中所有的文本"电脑"替换为"计算机"；将标题段（"信息安全影响我国进入电子社会"）设置为三号、黑体、红色、倾斜、居中、加阴影并添加蓝色底纹。

（2）将正文各段文字设置为五号、楷体，各段落左、右各缩进 1 cm，首行缩进 0.8 cm，1.5 倍行距，段前间距 16 磅。

4．将素材按要求排版。

（1）设置页面纸型 A4，左、右页边距 1.9 cm，上、下页边距 3 cm。

（2）设置标题字体为黑体、小二、蓝色、带下画线，标题居中。

（3）在第 1 段第 1 行中间文字处插入一幅剪贴画图片，调整大小，设置环绕方式为四周型。

5．在素材文件夹中打开 Word1.docx，按下列要求完成操作，并以该文件名（Word1.docx）保存文档。

（1）为文中所有"容量"一词添加下画线。

（2）将标题段文字（"硬盘的发展突破了多次容量限制"）设置为 16 磅、深蓝色、黑体、加粗、居中、字符间距加宽 1 磅并添加黄色底纹。

（3）设置正文各段落（"容量恐怕是……比较理想的平衡点。"）首行缩进 2 个字符、1.2 倍行距、段前间距 0.8 行，为正文第 4～6 段（"硬盘容量的提高……能够节约很多成本。"）添加项目符号◆。

（4）将文中最后 11 行文字转换成一个 11 行 3 列的表格，分别将第 1 列第 2～6 行单元格、第 7 和第 8 行单元格、第 9 和第 10 行单元格加以合并。

（5）设置表格居中，表格第 1 和第 2 列列宽为 4.5 cm、第 3 列列宽为 2 cm；并设置表格中所有文字为水平居中，所有框线为 1 磅蓝色单实线。

项目 5　Word 综合应用——毕业论文排版

本项目以毕业论文的排版为例，详细介绍长文档的排版方法与技巧，其中包括应用样式、添加目录、添加页眉和页脚、插入域等。

5.1　项目要求和分析

1．项目要求

临近毕业阶段，学生会根据指导老师的要求完成毕业设计或毕业论文的作业报告提交。现假设前期已完成项目设计或毕业论文内容的书写（见"毕业论文素材.docx"文档），结合所学到的 Word 知识，根据指导老师或教务处公布的"论文编写格式要求"，完成论文的编辑和排版工作。

2．项目分析

论文一般包括封面、中英文摘要、目录、正文、致谢、参考文献等部分。由于毕业论文文档长、格式多，这就需要利用 Word 样式快速设置相应的格式；利用大纲级别的标题自动生成目录；利用页眉和页脚表达论文文档标题、页码、公司徽标、作者等信息；利用"节"设置论文不同部分的页面；利用"域"插入特定的内容或自动完成某些复杂的功能，如插入日期和时间域来自动更新日期和时间等。

论文排版格式见表 5.1.1。

表 5.1.1　论文排版格式

名　称	格式描述
页面格式	A4 纸张，上、下页边距分别为 3.5 cm 和 2.5 cm，左、右页边距均为 2.5 cm；左侧装订，装订线为 0.5 cm；页眉、页脚距边界分别为 2.5 cm 和 2 cm，奇偶页不同
封面	论文题目为华文细黑、二号，西文字体为 Times New Roman、小三，其他为宋体、小三，封面中无页码
摘要	摘要正文后间隔一行输入文字"关键词："，并设置为宋体、四号、加粗、首行缩进 2 个字符，其他格式同正文格式
论文正文	中文字体为仿宋，西文字体为 Times New Roman，均为五号，1.25 倍行距，首行缩进 2 个字符
标题 1	黑体、四号、段前和段后 0.5 行、单倍行距
标题 2	华文新魏、四号、段前和段后 8 磅、单倍行距
标题 3	黑体、五号、段前和段后 0 磅、1.5 倍行距
目录格式	"目录"标题文字：黑体、小二、居中；目录 1 级标题：黑体、四号、段前和段后 0.5 行、单倍行距；目录 2 级标题：幼圆、小四、段前和段后 8 磅、单倍行距；其他为默认
页眉	封面、摘要、目录页上没有页眉。论文正文开始设置奇偶页不同的页眉，其中，奇数页页眉为论文名称，位于页眉左侧，章名（标题 1 编号+标题 1 内容）位于页眉右侧；偶数页页眉为章名（标题 1 编号＋标题 1 内容）位于页眉左侧，论文名称位于页眉右侧
页脚	在目录页的底端、中间位置插入页码，页码格式为Ⅰ，Ⅱ，Ⅲ…，起始页码为Ⅰ。在论文正文的底端、中间位置插入页码，页码格式为 1，2，3，4…，起始页码为 1。在论文正文的页脚右侧添加文档作者
参考文献	同正文格式

完成毕业论文的排版过程如下。

① 页面设置与属性设置。

② 对章节、正文等所用到的样式进行定义。

③ 将定义好的各种样式分别应用于论文和各级标题、正文。

④ 为论文设置页眉、页脚。

⑤ 利用大纲级别的标题为论文生成目录。

⑥ 浏览并修改，直到满意。

5.2 实现步骤

如果论文格式较乱，不知从何开始排版的话，最好的方法就是将整篇论文的格式全部去除（Ctrl+A 为全选组合键，Ctrl+Shift+N 为清除格式组合键，建议先备份），再按照下面介绍的技巧进行论文的格式化。

现根据表 5.1.1 的论文格式和"毕业论文素材.docx"文档，完成论文的编辑和排版。

1. 页面设置

首先对论文进行页面设置，页面格式要求"A4 纸张，上、下页边距分别为 3.5 cm 和 2.5 cm，左、右页边距均为 2.5 cm；左侧装订，装订线为 0.5 cm；页眉、页脚距边界分别为 2.5 cm 和 2 cm，奇偶页不同"，操作步骤如下。

步骤 1：单击"布局"选项卡"页面设置"选项组右下角的对话框启动器按钮，打开"页面设置"对话框。

步骤 2：在该对话框的"页边距"选项卡中进行页边距、装订线、纸张方向等设置，如图 5.2.1 所示。

步骤 3：在该对话框的"纸张"选项卡中设置纸张大小为 A4。

步骤 4：在该对话框的"布局"选项卡中进行页眉、页脚边距，奇偶页不同等的设置，如图 5.2.2 所示。

图 5.2.1
"页边距"选项卡中的
参数设置

图 5.2.2
页眉、页脚的设置

2．属性设置

文档属性有助于了解文档的相关信息，如文档的标题、作者、文件长度、最后修改日期、统计信息等。

选择"文件"选项卡中的"信息"命令，在右侧文档信息区中进行修改，也可右击该文件，在弹出的快捷菜单中选择"属性"命令，打开其属性对话框，在其中进行设置，如图 5.2.3 所示。

图 5.2.3
文档属性设置

本论文需设置如下。

- 标题："客户服务支持管理信息系统"。
- 作者：自己的姓名。
- 公司（单位）：自己的班级。

3．样式的设置和使用

（1）修改样式

修改 Word 内置样式"标题 1""标题 2""标题 3"，要求见表 5.2.1。修改样式的操作步骤如下。

表 5.2.1　样 式 要 求

样式名称	字体	字体大小	段落格式
标题 1	黑体	四号	段前和段后均为 0.5 行、单倍行距
标题 2	华文新魏	四号	段前和段后均为 8 磅、单倍行距
标题 3	黑体	五号	段前和段后均为 0 磅、1.5 倍行距

步骤 1：单击"开始"选项卡"样式"选项组右下角的对话框启动器按钮，弹出"样

式"任务窗格，如图 5.2.4 所示。

步骤 2：单击"样式"任务窗格中"标题 1"样式右侧的下拉箭头（鼠标指针移至"标题 1"样式时自动显示），在下拉列表中选择"修改"命令，如图 5.2.5 所示，打开"修改样式"对话框。

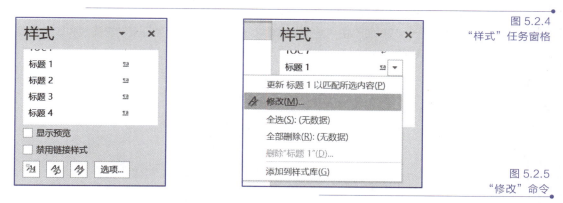

图 5.2.4
"样式"任务窗格

图 5.2.5
"修改"命令

步骤 3：如图 5.2.6 所示，单击"修改样式"对话框中左下角的"格式"按钮，完成对"标题 1"格式的修改（字体：黑体，字号：四号，段前、段后各 0.5 行，单倍行距）。

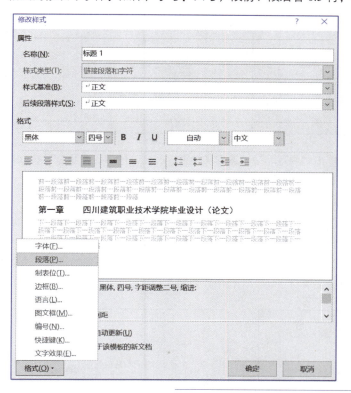

图 5.2.6
"修改样式"对话框

步骤 4：用以上步骤依次对"标题 2"和"标题 3"的样式按要求进行修改。

（2）新建样式

当内置样式不能满足用户的要求时，可以根据实际需要自定义样式。现新建样式"论文正文"，要求论文正文的格式为"五号、仿宋、1.25 倍行距、首行缩进 2 个字符"，并将"论文正文"样式应用于摘要之后的正文文本中，操作步骤如下。

步骤 1：单击"开始"选项卡"样式"选项组右下角的对话框启动器按钮，弹出"样式"任务窗格。

步骤 2：在该任务窗格中单击"新建样式"按钮，如图 5.2.7 所示，打开"根据格式化创建新样式"对话框。

步骤 3：在该对话框中设置新建样式的名称为"论文正文"、样式类型为"段落"、样式基准为"正文"。在"格式"选项区域，根据实际需要设置字符格式和段落格式，选中"基于该模板的新文档"单选按钮，如图 5.2.8 所示。

图 5.2.7
"新建样式"按钮

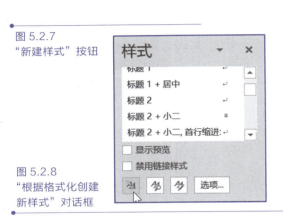

图 5.2.8
"根据格式化创建新样式"对话框

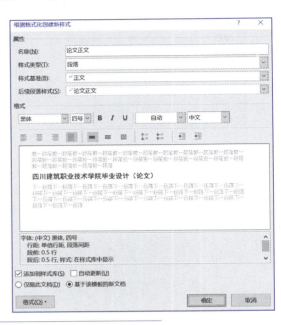

步骤 4：单击"确定"按钮返回文档窗口，创建的"论文正文"样式出现在"样式"任务窗格中，如图 5.2.9 所示。

（3）使用样式

当样式创建完成后，将该样式应用于文档不同位置的方法是：先选择要应用样式的文本，然后在"样式"任务窗格中选择要应用的样式名称，选中的文字即可应用该样式。现将前面修改后的样式"标题 1""标题 2""标题 3"和新建的样式"论文正文"应用于相应的"毕业论文素材.docx"文档中，如图 5.2.10 所示。

图 5.2.9
新建的"论文正文"样式

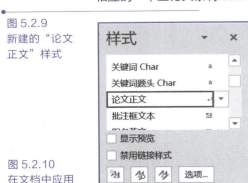

图 5.2.10
在文档中应用设置好的样式

🖐【说明】
①　为了方便，建议先选中全文，设置"论文正文"样式后，再根据需要设置其他样式。
②　"标题1"样式所含的大纲等级为1级，"标题2"为2级，以此类推，目录的生成依赖于大纲等级的设置。

4. 自动生成章节号

若要在标题前自动生成章节号，如"第×章""1.1""1.1.1"等，需要对标题设置自动多级编号来实现。表5.2.2为标题样式与对应的编号格式。

表 5.2.2　样 式 要 求

样式名称	多级编号	编号位置	制表符和文字缩进位置
标题1	第一章、第二章、第三章……	左对齐、0 cm	制表符位置 0.75 cm、缩进为 0.75 cm
标题2	1.1、1.2、1.3……	左对齐、0 cm	制表符位置 1.5 cm、缩进为 1.5 cm
标题3	1.1.1、1.1.2、1.1.3……	左对齐、0.75 cm	默认或根据需要设置

具体操作如下。

步骤1：选中文档中已设置好的第1个位置的"标题1"文本。

步骤2：单击"开始"选项卡"段落"选项组中的"多级列表"下拉按钮，在弹出的下拉列表中选择"定义新的多级列表"命令，如图5.2.11所示，打开"定义新多级列表"对话框。

图 5.2.11
"多级列表"下拉菜单

步骤3：单击该对话框左下角的"更多"按钮，对编号的各个属性进行设置。

步骤4：为"标题1"设置编号格式，具体参照图5.2.12。

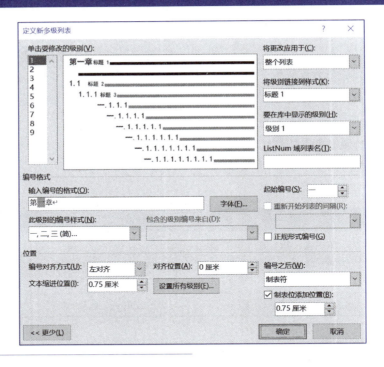

图 5.2.12
设置"标题 1"

【注意】

"输入编号的格式"文本框中的数字不能手动输入，必须在"此级别的编号样式"下拉列表框中进行选择，因为数字是以"域"形式表示，应该是灰色底色。手动输入的是不变的值，如这里的"第""章"。

步骤 5：为"标题 2"设置编号格式，具体参照图 5.2.13。

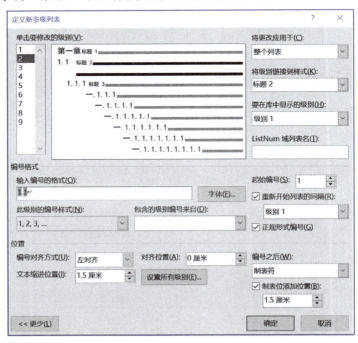

图 5.2.13
设置"标题 2"

步骤 6：为"标题 3"设置编号格式，具体参照图 5.2.14。

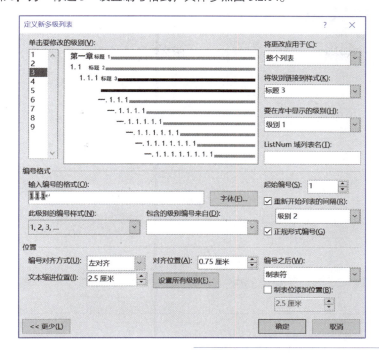

图 5.2.14
设置"标题 3"

步骤 7：单击"确定"按钮。

若章节号是用多级符号自动生成的，在后期论文的修改中将会十分方便。例如，在论文中任意位置插入一章或一节的内容，后面的章节号将会自动更改，无需一个个地去手动修改。

5. 创建论文目录

（1）插入目录

目录是长文档必不可少的组成部分，由文章的标题和页码组成。手工添加目录既麻烦，又不利于后面的编辑修改。在完成样式及多级编号设置的基础上，目录可以自动生成。参见样例，利用三级标题样式生成毕业论文目录。要求目录中含有"标题 1""标题 2""标题 3"的内容，其中，"目录"的标题文本格式为"居中、小二、黑体"，操作如下。

步骤 1：将插入点置于"导论"前的空行中，输入文本"目录"并按 Enter 键。

步骤 2：单击"引用"选项卡"目录"选项组中的"目录"按钮，在弹出的下拉框中选择"自定义目录"命令，如图 5.2.15 所示。

步骤 3：打开"目录"对话框，如图 5.2.16 所示，选择"目录"选项卡，设置"显示级别"为 3，单击"确定"按钮即可生成目录。

步骤 4：将标题文本"目录"文字的格式设置为"居中、小二、黑体"。

（2）修改目录格式

有些论文对目录的格式有要求，这时就不能使用 Word 提供的目录样式，需要进行自定义。注意，在 Word 中，只能修改"来自模板"的目录样式。现对目标样式进行修改，要求见表 5.2.3。

微课 5-1
创建目录

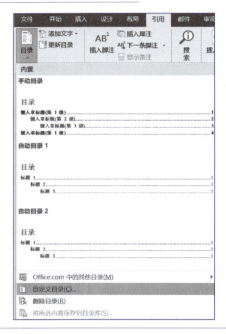

图 5.2.15
插入目录

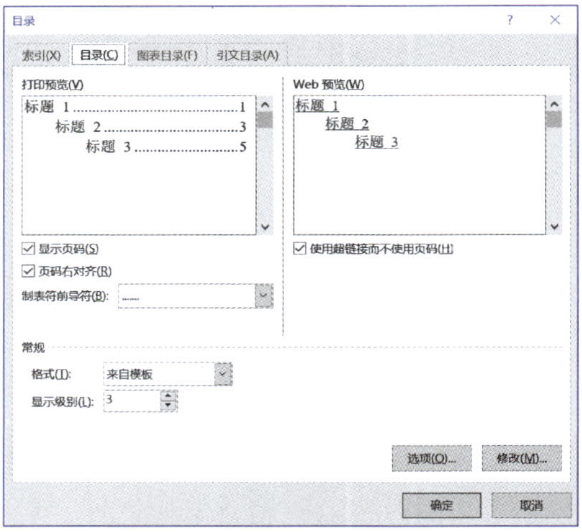

图 5.2.16
"目录"对话框

表 5.2.3　目录格式要求

样式名称	字体	字体大小	段落格式
目录 1	黑体	四号	段前和段后均 0.5 行、单倍行距
目录 2	幼圆	小四	段前和段后均 8 磅、单倍行距

步骤 1：将插入点置于目录中的任意位置。

步骤 2：打开"目录"对话框。

步骤 3：单击其中的"修改"按钮，打开"样式"对话框，如图 5.2.17 所示。

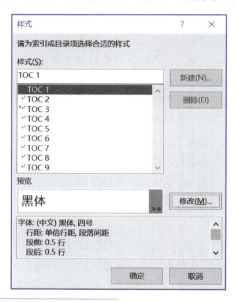

图 5.2.17
"样式"对话框

步骤 4：在"样式"列表框中选择目录 1，单击"修改"按钮，按上面的要求进行修改。

步骤 5：用相同的方法修改目录 2 的样式。

步骤 6：单击"确定"按钮。

（3）将"目录""结束语""参考文献"等编入目录

在目录的编制过程中，有时需要将"目录""结束语""参考文献"等一并编入目录，此时就需要单独对"目录""结束语""参考文献"等标题设置大纲等级。这里不能使用前面设置好的"标题 1"样式，因为若使用"标题 1"样式，那么"目录""结束语""参考文献"等也会被多级符号自动地生成"章节号"，而且"标题 1"样式不一定满足此处"目录""结束语""参考文献"等标题的格式要求。此时，需要对"目录""结束语""参考文献"等标题做一些设置，操作如下。

步骤 1：选中"目录""结束语""参考文献""致谢""索引"等标题，单击"开始"选项卡"段落"选项组右下角的对话框启动器按钮，打开"段落"对话框。

步骤 2：选择"缩进和间距"选项卡，在"常规"选项区域的"大纲级别"下拉，列表框中选择"1 级"选项，如图 5.2.18 所示，单击"确定"按钮。

图 5.2.18
设置大纲等级

步骤 3：在目录中右击，在弹出的快捷菜单中选择"更新域"命令，更新整个目录，即可将"目录""结束语""参考文献"等编入目录，如图 5.2.19 所示。

6. 插入分节符

利用分节符可以把文档划分为若干个"节"，每个节为一个相对独立的部分，可以在不同节中设置不同的页面格式，如不同的页眉和页脚、不同的页边距、不同的背景图片等。

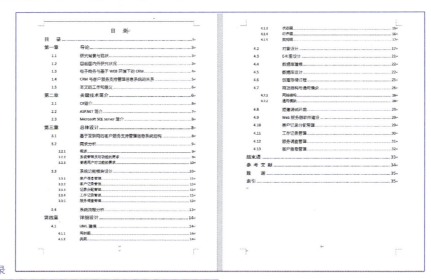

图 5.2.19
将"目录""结束语"
"参考文献"等编入目录

如图 5.2.20 所示，在"目录"和"导论"之前分别插入"分节符"，将论文分为封面及摘要部分、目录部分、导论及之后部分这 3 节，操作如下。

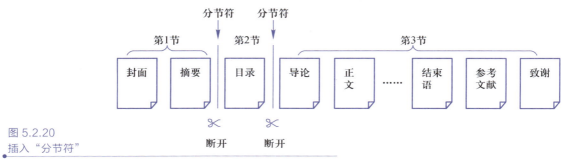

图 5.2.20
插入"分节符"

步骤 1：将论文文档视图转换到"草稿"视图。

步骤 2：将插入点置入"目录"文字的前面，单击"布局"选项卡"页面设置"选项组中的"分隔符"按钮，弹出下拉框。

步骤 3：在"分节符"类型栏中选择"下一页"选项，如图 5.2.21 所示。

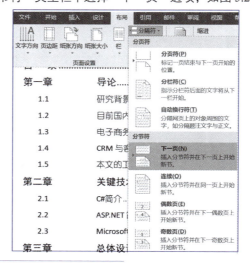

图 5.2.21
"分隔符"下拉框

步骤 4：用同样的方法，在"第一章　导论"之前插入一个"分节符（下一页）"。

步骤 5：中文摘要和英文摘要需单独占用一页，可在 Abstract 之前插入一个"分页符"，以保证中英文摘要在同一节的不同页中。

7. 设置论文的页眉和页脚

（1）设置页眉

微课 5-2
页眉和页脚

要求封面、摘要、目录页上没有页眉。从论文正文开始设置奇偶页不同的页眉，其中，奇数页页眉为论文名称，位于页眉左侧，章名（标题 1 编号+标题 1 内容）位于页眉右侧；偶数页页眉为章名（标题 1 编号 + 标题 1 内容），位于页眉左侧，论文名称位于页眉右侧。操作步骤如下。

步骤 1：将文档的视图模式切换到"页面视图"模式。

步骤 2：将插入点置于正文部分所在的节中。

步骤 3：单击"插入"选项卡"页眉和页脚"选项组中的"页眉"按钮，在弹出的下拉框中选择"编辑页眉"命令，出现如图 5.2.22 所示的页眉编辑区域。

图 5.2.22
页眉编辑区域

步骤 4：在"页眉和页脚工具 | 设计"选项卡中单击"导航"选项组中的"链接到前一节"按钮，如图 5.2.23 所示，此时页面右上角的"与上一节相同"的字样消失。

步骤 5：设置奇数页页眉。

① 单击"开始"选项卡"段落"选项组中的"文本左对齐"按钮 ，将插入点置于页眉左侧。单击"页眉和页脚工具 | 设计"选项卡"插入"选项组中的"文档部件"按钮。

② 在弹出的下拉列表中选择"文档属性"→"标题"命令，如图 5.2.24 所示，可以看到，论文名称"客户服务支持管理信息系统"插入到页眉中。

图 5.2.23
"链接到前一节"
命令

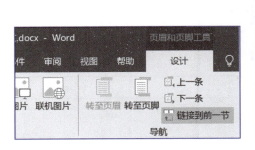

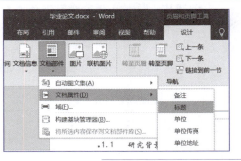

图 5.2.24
"文档属性"→
"标题"命令

③ 按 Tab 键，将插入点移到页眉右侧，单击"页眉和页脚工具 | 设计"选项卡"插入"选项组中的"文档部件"按钮，在弹出的下拉列表中选择"域"命令，如图 5.2.25 所示。

④ 打开"域"对话框，在"类别"下拉列表框中选择"链接和引用"选项，在"域名"列表框中选择 StyleRef 选项，在"样式名"列表框中选择"标题 1"选项，如图 5.2.26 所示。

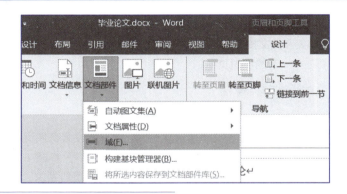

图 5.2.25
"域"命令

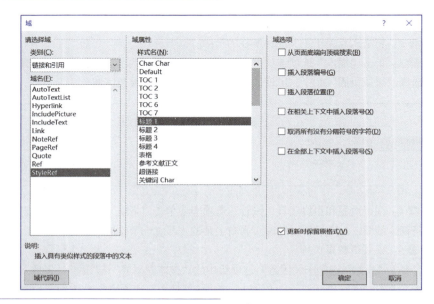

图 5.2.26
"域"对话框

⑤ 单击"确定"按钮，此时可看到论文标题 1 的内容，但还没有标题编号（如"第一章"）。

⑥ 将插入点定位在页眉中刚插入标题 1 内容的前面，重复上述步骤，然后在"域"对话框的"样式名"列表框中选择"标题 1"，同时选中"插入段落编号"复选框。

⑦ 单击"确定"按钮，奇数页页眉如图 5.2.27 所示。

客户服务支持管理信息系统	第一章导论

奇数页页眉 - 第 3 节 - 章　　　导论

图 5.2.27
奇数页页眉

步骤 6：单击"页眉和页脚工具丨设计"选项卡"导航"选项组中的"下一条"按钮，如图 5.2.23 所示，进入偶数页页眉的编辑区。

步骤 7：单击"导航"选项组中的"链接到前一节"按钮，断开上一节页眉的链接。

步骤 8：重复步骤 5 设置奇数页页眉的相关操作，完成偶数页页眉的设置。

步骤 9：编辑完成后，单击"页眉和页脚工具丨设计"选项卡"关闭"选项组中的"关闭页眉页脚"按钮，完成页眉的设置。

（2）设置页脚

要求在目录页底端的中间位置插入页码，页码格式为"Ⅰ，Ⅱ，Ⅲ…"，起始页码为Ⅰ。在论文正文底端的中间位置插入页码，页码格式为"1，2，3，4…"，起始页码为1。在论文正文的页脚右侧添加文档作者，操作如下。

步骤1：单击"插入"选项卡"页眉和页脚"选项组中的"页脚"按钮，在弹出的下拉框中选择"编辑页脚"命令，出现页脚编辑区域。

步骤2：单击"导航"选项组中的"链接到前一节"按钮，分别断开第1节、第2节、第3节之间的页脚链接，确保所有页脚右端的"与上一节相同"字样消失。

步骤3：将插入点定位于目录所在"节"的页脚中。

步骤4：单击"插入"选项卡"页眉和页脚"选项组中的"页码"按钮。

步骤5：在弹出的下拉列表中选择"页面底端"命令，如图5.2.28所示，在级联菜单中选择所需样式。

步骤6：在同样的下拉框中选择"设置页码格式"命令，打开"页码格式"对话框。

步骤7：在其中设置"编号格式"为"Ⅰ,Ⅱ,Ⅲ…"、"起始页码"为"Ⅰ"，如图5.2.29所示。

图 5.2.28
"页面底端"级联菜单

图 5.2.29
"页码格式"对话框

步骤8：单击"确定"按钮完成目录当前页的页脚设置。

步骤9：单击"页眉和页脚工具 | 设计"选项卡"导航"选项组中的"下一条"按钮，进入下一页的页脚编辑状态。

步骤10：重复步骤4～步骤8完成目录另一页的页脚设置。

步骤11：将插入点定位于论文正文所在的节中，重复以上步骤，完成论文正文页脚中间位置页码的设置。注意编号格式设为"1，2，3，4…"。

步骤12：将插入点定位于论文正文所在的节中，进入页脚编辑状态，使插入点位于页脚右侧。

步骤13：单击"页眉和页脚工具 | 设计"选项卡"插入"选项组中的"文档部件"按钮，在弹出的下拉框中选择"域"命令。

步骤 14：在弹出的"域"对话框的"类别"下拉列表框中选择"文档信息"选项，在"域名"列表框中选择 Author 选项，如图 5.2.30 所示，单击"确定"按钮，在当前页脚插入文档作者信息。

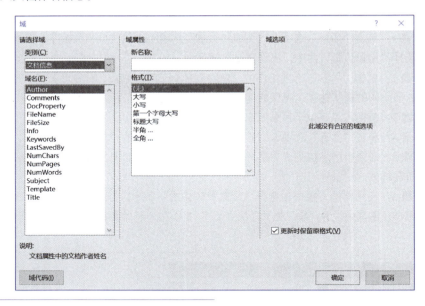

图 5.2.30
在"域"对话框中设置
参数

步骤 15：单击"页眉和页脚工具 | 设计"选项卡"导航"选项组中的"下一条"按钮。

步骤 16：用同样的方法在下一页插入文档作者信息。

【注意】

用户可在"样式"任务窗格中进行页眉、页脚的样式修改。

8．论文其他部分格式的设置

设置论文封面、摘要、参考文献、致谢等部分所要求的格式设置，以完成论文的文档排版。此处具体操作略。

5.3　项目总结

对论文这样的长文档的编辑，有如下建议。

1．要善于使用样式

除了 Word 原先所提供的标题、正文等样式外，还可以自定义样式。对于进行相同排版操作的内容，一定要坚持使用统一的样式，这样能大大减少工作量和错误，如果要对排版格式做调整，只需一次性修改相关样式即可。使用样式的另一个好处是可以由 Word 自动生成各种目录和索引。

2．一定不要输入空格来达到对齐的目的

只有英文单词间才会有空格，中文文档没有空格。所有的对齐都应该通过标尺、制表位、对齐方式和段落缩进等来处理。如果发现了空格，一定要谨慎，想想是否可以通过其他方法来避免。同理，一定不要按 Enter 键来调整段落间距。

3．使用节

如果希望在一个文档中得到不同的页眉、页脚、页码格式，可以插入分节符来断开节与节之间的页眉或页脚链接，从而在不同节中分别插入相应的页眉和页脚或页码格式。

4．插入目录

在完成样式及多级编号设置的基础上，目录可以自动生成。

5.4 项目拓展

1．题注

（1）插入题注

在长文档的排版中，若文档中图表较多，图片标签最好采用插入题注的方式生成，这种方法初期看似麻烦，但是对于论文后期的修改是大有好处的，尤其是对于需要生成图表目录要求的文档，这一步必不可少。现把论文中所有图用题注的方式插入相应的标签和进行交叉引用，具体的操作步骤如下。

微课 5-3
题注与交叉引用

步骤 1：在论文中选中要插入题注的图片。

步骤 2：单击"引用"选项卡"题注"选项组中的"插入题注"按钮，如图 5.4.1 所示，打开"题注"对话框，

图 5.4.1
插入题注

步骤 3：在该对话框的"标签"下拉列表框中选择所需的标签，若预设标签中没有所需选项，可以单击"新建标签"按钮，如图 5.4.2 所示，在打开的"新建标签"对话框中创建所需的标签，如图 5.4.3 所示。

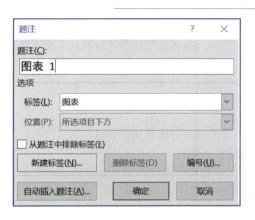

图 5.4.2
"题注"对话框

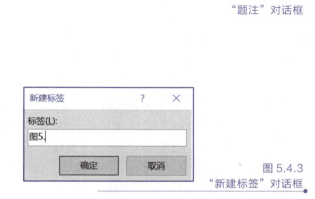

图 5.4.3
"新建标签"对话框

步骤 4：单击"确定"按钮，在图表的指定位置即可插入题注编号。

步骤 5：在题注编号后输入题注内容，完成题注标签的建立。

（2）自动插入题注

自动插入题注可以避免每次插入图表时都要插入一次题注，操作步骤如下。

步骤 1：单击"引用"选项卡"题注"选项组中的"插入题注"按钮，打开"题注"对话框。

步骤 2：单击该对话框中的"自动插入题注"按钮，如图 5.4.2 所示。

步骤 3：在打开的"自动插入题注"对话框中选择所需的类型，如图 5.4.4 所示，以后插入图表时就能够自动插入题注。

（3）标签的交叉引用

在论文的编辑中，免不了在文中使用图表的标签进行说明，如本文中的"如图×所示"，这时就需要用到交叉引用。具体操作步骤如下。

步骤 1：将光标定位在要引用图表位置的文字后，如"如"字后面。

步骤 2：单击"引用"选项卡"题注"选项组中的"交叉引用"按钮，如图 5.4.1 所示。

步骤 3：在打开的"交叉引用"对话框中对"引用类型""引用内容"进行设置，如图 5.4.5 所示。

图 5.4.4
"自动插入题注"
对话框

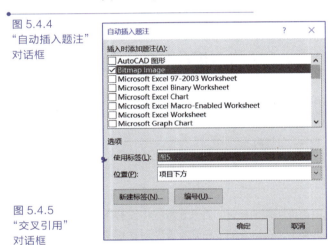

图 5.4.5
"交叉引用"
对话框

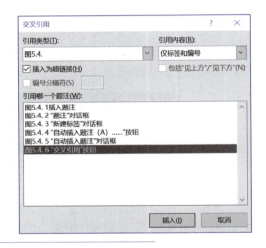

步骤 4：在"引用哪一个题注"列表框中选择所需的题注标签。

步骤 5：单击"插入"按钮，完成标签的交叉引用。

使用交叉引用的好处在于，当插入新图片后，若没有使用交叉引用，还需找到原来的图表标签进行更改，这样工作量大，且容易出错，而使用交叉引用后，只要用 Ctrl+A 组合键全选，再按 F9 键更新，即可完成文中图表标签的修改，且不会出错。

2．脚注和尾注的设置

脚注和尾注是对文本的补充说明。脚注一般位于页面底部，可以作为文档某处内容的注释，尾注一般位于文档末尾，列出引文的出处等。

脚注和尾注由两个关联的部分组成，包括注释引用标记和其对应的注释文本，如图 5.4.6 所示。

（1）插入脚注或尾注

插入脚注或尾注的操作步骤如下。

步骤 1：在页面视图中单击要插入注释引用标记的位置。

步骤2：单击"引用"选项卡"脚注"选项组右下角的对话框启动器按钮，打开"脚注和尾注"对话框，在其中选中"脚注"或"尾注"单选按钮，设置相应的位置、编号格式、起始编号等选项，单击"插入"按钮，如图5.4.7所示

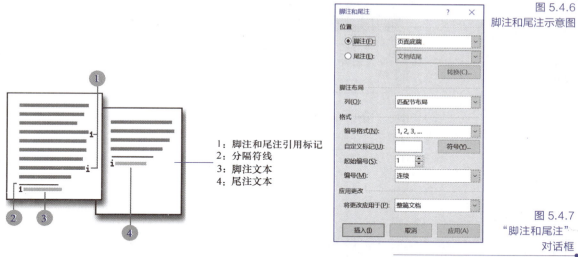

1：脚注和尾注引用标记
2：分隔符线
3：脚注文本
4：尾注文本

图 5.4.6
脚注和尾注示意图

图 5.4.7
"脚注和尾注"
对话框

步骤3：在出现的编辑区输入注释文本。

【说明】

使用脚注和尾注后，只要光标停留在被注释的字词或文段上时，注释会自动出现。删改脚注和尾注时，会自动更改编号。双击脚注和尾注的编号时，能快速找到脚注和尾注在文中的位置。

（2）脚注和尾注编号格式设置

论文中脚注和尾注编号的格式一般为[1][2]…，但是，在脚注和尾注编码格式中并没有这一格式。可先把编码格式选为默认的1，2，3…，再按组合键Ctrl+H打开"替换"对话框，在"查找内容"文本框中输入"^e"（尾注用）或"^f"（脚注用），在"替换"文本框中输入"[^&]"（^&表示所查找内容），之后单击"全部替换"按钮，如图5.4.8所示，即可完成"[1][2]…"格式的设置。

图 5.4.8
更改脚注标号

（3）删除尾注分隔符

要删除尾注分隔符的那条横线和段落标记，方法如下。

步骤 1：把文档切换到草稿视图，如图 5.4.9 所示。

图 5.4.9
文档切换到草稿视图

步骤 2：单击"引用"选项卡"脚注"选项组中的"显示备注"按钮，如图 5.4.10 所示。若文档中设置了脚注和尾注，则会打开"显示备注"对话框。

步骤 3：在"显示备注"对话框中选中"查看尾注区"单选按钮，如图 5.4.11 所示。

图 5.4.10
"显示备注"按钮

图 5.4.11
"显示备注"对话框

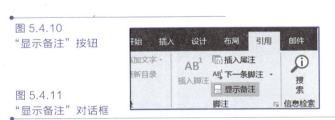

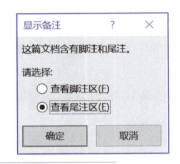

步骤 4：在尾注窗口处（图 5.4.12）单击"尾注"下拉按钮，在下拉列表中选择"尾注分隔符"选项，如图 5.4.13 所示。

图 5.4.12
"草稿"视图下的尾注窗口

图 5.4.13
选择"尾注分隔符"选项

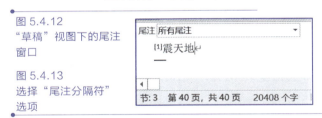

步骤 5：选中横线，删除即可，如图 5.4.14 所示。

图 5.4.14
删除尾注分隔符

3．索引的编制

要编制索引，要先确定索引关键词，本文以"电子商务""客户服务""管理""信息系统"等作为索引关键词。现在以标记索引项"电子商务"为例，完成索引项的标记及索引的生成。

（1）标记索引项

步骤 1：先选中论文中某一处的"电子商务"文本。

步骤 2：单击"引用"选项卡"索引"选项组中的"标记条目"按钮，如图 5.4.15 所示，打开"标记索引项"对话框。

图 5.4.15
"索引"选项组

步骤 3：单击"标记索引项"对话框中的"标记全部"按钮，如图 5.4.16 所示，这时文中所有的"电子商务"字符都会被标记为索引项。

图 5.4.16
"标记索引项"对话框

【说明】

这时 Word 会自动显示很多默认隐藏的格式标记，在编辑完索引后，单击"开始"选项卡"段落"选项组中的"显示/隐藏编辑标记"按钮即可关闭。

步骤 4：用上面相同的操作分别完成"客户服务""管理""信息系统"等索引关键词的标记。

（2）索引的生成

在索引项标记完成后就可以正式生成索引目录。操作步骤如下。

步骤 1：在论文的末尾输入文字"索引"，设置相应的字体格式后按 Enter 键。

步骤 2：单击"引用"选项卡"索引"选项组中的"插入索引"按钮，如图 5.4.15 所示。

步骤 3：打开"索引"对话框，如图 5.4.17 所示，在其中根据自己的喜好或论文的格式要求设置索引格式，单击"确定"按钮。

步骤 4：在光标位置处便插入了全文索引，如图 5.4.18 所示。

4. 插入图表目录

若论文中每一张图表的标签都是用插入题注的方式生成，就能够很轻松地插入图表目录。操作步骤如下。

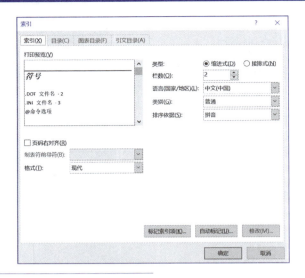

图 5.4.17
"索引"对话框

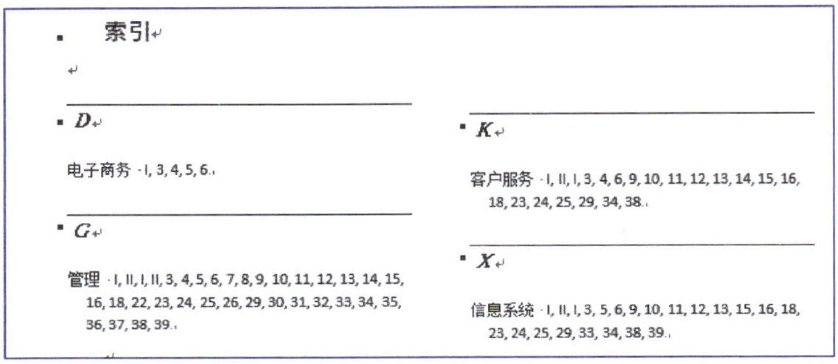

图 5.4.18
生成的索引

步骤 1：光标定位于要生成图表目录的位置。

步骤 2：单击"引用"选项卡"题注"选项组中的"插入表目录"按钮，如图 5.4.15 所示。

步骤 3：打开"图表目录"对话框，如图 5.4.19 所示，在"题注标签"下拉列表框中选择所需的题注标签。

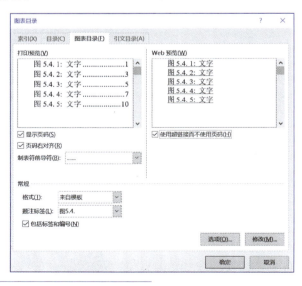

图 5.4.19
"图表目录"对话框

步骤 4：单击"确定"按钮后，即可在光标位置处生成图表目录。

5.5　思考与练习

1. 如何对长文档进行打印设置（单面打印和双面打印）？

2. 如何在长文档中设置奇偶页不同的页眉和页脚？

3. 根据素材文件夹中的"论文.docx"文件所提供的文字素材，参照文件夹中的"第一页"至"第五页"所给的排版样式，使用 Word 对论文进行排版，并使用 Word 自带的绘图工具绘制文档中用到的两个示意图。以"自己姓名"+".docx"重命名（如"张三.docx"）存盘。

项目 6 Word 邮件合并应用——发放成绩通知单

1. 项目要求

在日常办公过程中，很多时候需要填写各种各样的调查表、报表、套用信函、信封、成绩单、工资条等，这些资料的格式都相同，只是具体的数据有所变化。为了减少不必要的重复工作，提高办公效率，可以使用 Word 中的邮件合并功能来准确、快速地完成这些任务。

邮件合并，具体地说，就是在邮件文档（主文档）的固定内容中，合并与发送信息相关的一组通信资料（如 Excel 表、Access 数据表等数据源），从而批量生成需要的邮件文档，大大提高工作效率。

学期结束时，班主任要给每位同学的家长邮寄一封成绩通知单，班主任手中已有学生的科目成绩（见表 6.1.1），文件名为"学生成绩统计表.docx"。

表 6.1.1　学生成绩统计表

姓名	计算机基础	英　语	高等数学
张三	88	81	83
李四	89	80	58
王五	87	78	70

现要制作成绩通知单，如图 6.1.1～图 6.1.3 所示。

图 6.1.1
"张三"成绩通知单

图 6.1.2
"李四"成绩
通知单

图 6.1.3
"王五"成绩
通知单

2．项目分析

本项目主要包括主文档的制作、邮件合并两部分内容。

① 用适当的图片、表格、文字等对象，制作主文档（固定不变的文档）。

② 根据提供的数据源（学生成绩表），在相应文档中插入合并域。

③ 数据合并成一个符合发放成绩要求的文档。

本项目主要用到的 Word 知识如下。

① 表格的制作。

② 图片的插入，图片大小、位置的调整。

③ 页面边框的设置方法。

④ 邮件合并的方法。

6.2 实现步骤

1．主文档的建立

新建 Word 文档"主文档.docx"，保存在指定的文件夹下，步骤如下。

步骤 1：启动 Word 2016，在指定位置（如"D:\邮件合并"）建立一个名为"主文档.docx"的空白文档，如图 6.2.1 所示。

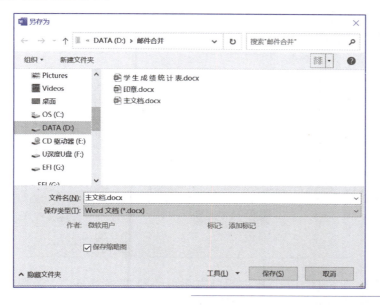

图 6.2.1
Word"另存为"对话框

步骤 2：单击"布局"选项卡"页面设置"选项组中的"纸张大小"按钮，在打开的对话框中设置纸张大小为 16 开，设置纸张方向为"横向"，其他为默认值。

步骤 3：单击"保存"按钮，Word 保存文档时自动增加扩展名".docx"。

2．建立主文档的内容

步骤 1：在主文档中输入如图 6.2.2 所示的文字和表格。

其中标题文字"学生成绩通知单"为黑体、一号、居中对齐，其他文字为宋体、三号，表格居中对齐。

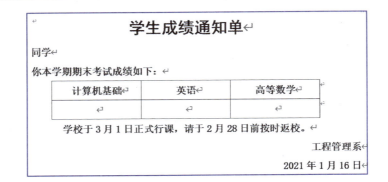

图 6.2.2
主文档中的文字和表格

步骤 2：单击"设计"选项卡"页面背景"选项组中的"页面边框"按钮，如图 6.2.3 所示，在弹出的对话框中设置如图 6.2.4 所示的艺术型页面边框。

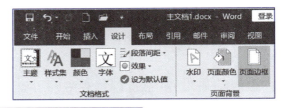

图 6.2.3
"页面边框"按钮

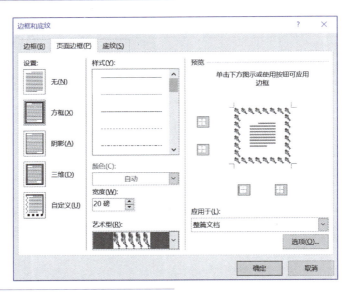

图 6.2.4
设置艺术型页面边框

步骤 3：在主文档中插入图片文件"校名.jpg"和"教学楼.jpg"，调整图片的大小和位置，把"教学楼.jpg"图片边缘柔化并衬于文字下方。

① 单击"插入"选项卡"插图"选项组中的"图片"按钮，如图 6.2.5 所示。

图 6.2.5
"图片"按钮

② 打开"插入图片"对话框，在素材文件夹中找到要插入的图片文件"校名.jpg"，如图 6.2.6 所示，将其插入到主文档中，并调整图片的大小和位置。

图 6.2.6
"插入图片"对话框

③ 在主文档中，单击"插入"选项卡"文本"选项组中的"文本框"按钮，图 6.2.7 所示，在下拉列表中选择"绘制横排文本框"命令，插入一个文本框，如图 6.2.8 所示。

图 6.2.7
"文本框"按钮

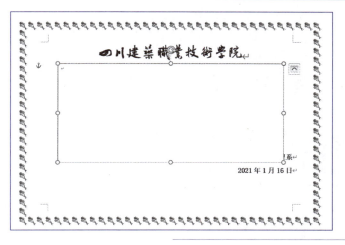

图 6.2.8
插入文本框

④ 在文本框中插入图片"教学楼.jpg"，调整图片的大小。

⑤ 单击"图片效果"按钮，设置如图 6.2.9 所示的柔化边缘效果。

⑥ 选中图片，对图片进行亮度和对比度的设置，如图 6.2.10 所示。

⑦ 选中文本框，设置"形状填充"为"无填充颜色"，"形状轮廓"为"无轮廓"，如图 6.2.11 所示。

⑧ 选中文本框并右击，在弹出的快捷菜单中选择"置于底层"→"衬于文字下方"命令，如图 6.2.12 所示。

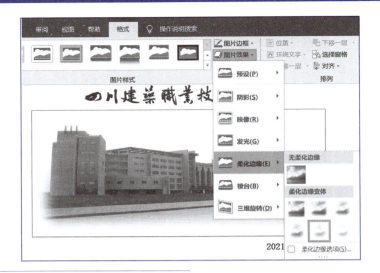

图 6.2.9
对图片进行边缘柔化

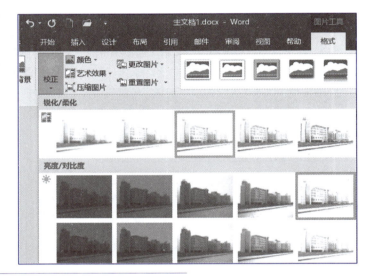

图 6.2.10
亮度和对比度的设置

图 6.2.11
设置文本框的"形状填充"和"形状轮廓"

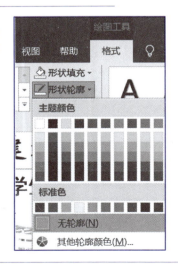

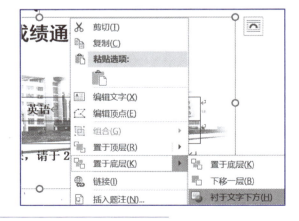

图 6.2.12
选择"置于底层"→"衬于文字下方"命令

步骤 4：完成主文档的制作并保存，如图 6.2.13 所示。

3. 在主文档中所需的位置插入合并域并合并

步骤 1：打开"主文档.docx"后，单击"邮件"选项卡"开始邮件合并"选项组中的"开始邮件合并"按钮，如图 6.2.14 所示。

图 6.2.13
主文档

图 6.2.14
"开始邮件合并"
选项组中的"开
始邮件合并"按钮

步骤 2：在弹出的下拉列表中选择"邮件合并分步向导"命令，如图 6.2.15 所示，弹出"邮件合并"任务窗格，如图 6.2.16 所示。

图 6.2.15
"邮件合并分步向导"
命令

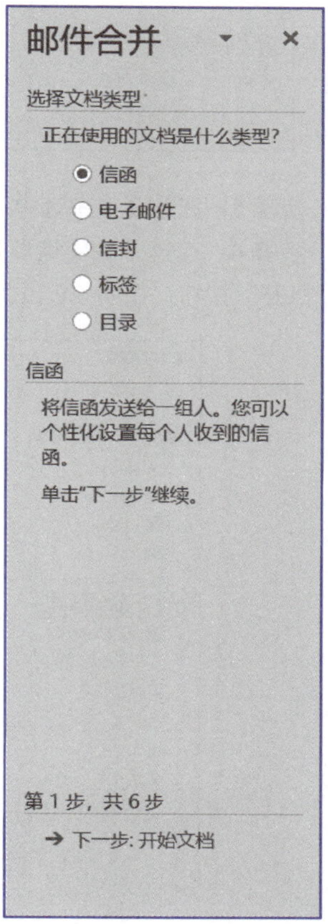

图 6.2.16
"邮件合并"任务窗格

步骤 3：单击"下一步：开始文档"链接，进入第 2 步，如图 6.2.17 所示。

步骤 4：单击"下一步：选择收件人"链接，进入第 3 步，如图 6.2.18 所示。

图 6.2.17
邮件合并的第 2 步

图 6.2.18
邮件合并的第 3 步

步骤 5：在第 3 步中选中"使用现有列表"单选按钮，并单击"浏览"链接。

步骤 6：在打开的"选取数据源"对话框中选取"学生成绩统计表.docx"文件，单击"打开"按钮，如图 6.2.19 所示。

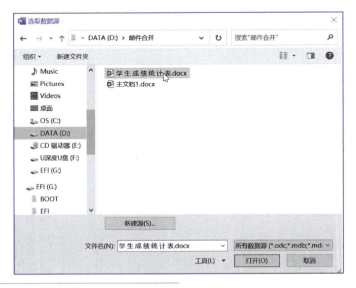

图 6.2.19
数据源的选取

步骤 7：在"邮件合并收件人"对话框中选取要合并到主文档的数据源记录，这里全选，如图 6.2.20 所示，单击"确定"按钮。

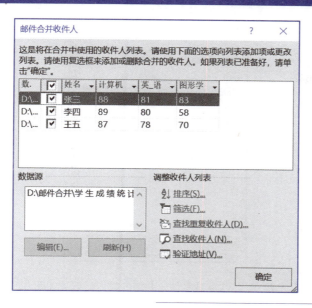

图 6.2.20
数据源中要合并的记录选取

步骤 8：在任务窗格中单击"下一步：撰写信函"链接，如图 6.2.21 所示，进入第 4
步，如图 6.2.22 所示。

图 6.2.21
单击"下一步：撰写
信函"链接

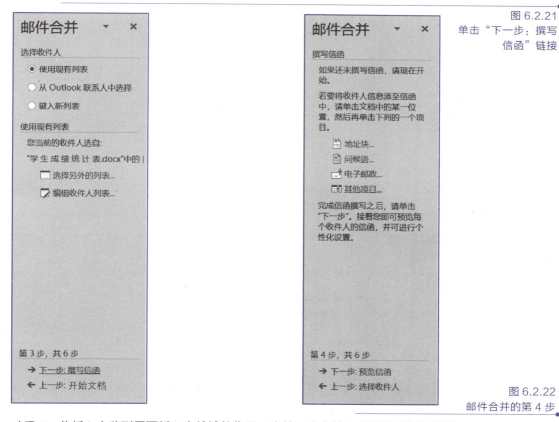

图 6.2.22
邮件合并的第 4 步

步骤 9：将插入点移到需要插入合并域的位置，在第 4 步中单击"其他项目"链接，
在打开的"插入合并域"对话框中选择域名，如图 6.2.23 所示，单击"插入"按钮，文档
插入点处将出现"《 》"括住的合并域。

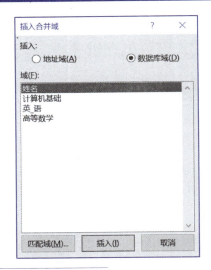

图 6.2.23
"插入合并域"对话框

步骤 10：重复步骤 9，依次完成其他合并域的插入，效果如图 6.2.24 所示。

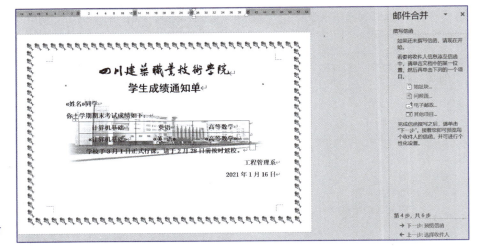

图 6.2.24
在主文档中插入合并域

步骤 11：单击"下一步：预览信函"链接，出现如图 6.2.25 所示的预览合并效果。

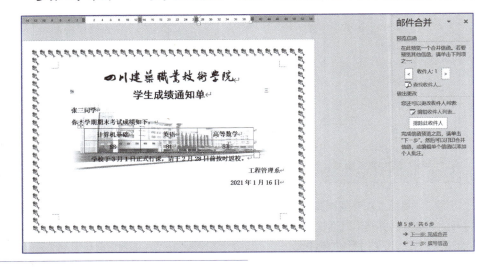

图 6.2.25
预览合并效果

步骤 12：单击"下一步：完成合并"链接，在"邮件合并"任务窗格中单击"编辑单个信函"链接，如图 6.2.26 所示。

步骤 13：打开"合并到新文档"对话框，如图 6.2.27 所示，单击"确定"按钮，将合并结果保存到一个默认文件名为"信函 1.docx"的新文档中，合并效果如图 6.1.1～图 6.1.3 所示。

图 6.2.26
"编辑单个信函"链接

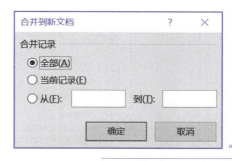

图 6.2.27
"合并到新文档"对话框

6.3　项目总结

邮件合并涉及两个文档：一个文档是邮件的内容，这是所有邮件相同的部分，常称为主文档；另一个文档包含收件人的称呼、地址等每个邮件不同的内容，常称为收件人列表，收件人列表的内容也可以从其他程序得到，如 Outlook 的联系人列表。

本项目通过"制作成绩通知单"，详细介绍了邮件合并的操作。方法主要有以下 4 步。

第 1 步：建立主文档，即制作文档中不变的部分（相当于模板）。

第 2 步：建立数据源，即制作文档中变化的部分。通常是 Word 或 Excel 中的表格，可事先建好，在此处直接打开，如"学生成绩表.docx"。

第 3 步：插入合并域。将数据源中的相应内容，以域的方式插入主文档中。

第 4 步：进行数据合并，合并的文档可以打印，也可以以电子邮件的形式发送。

6.4　项目拓展

在主文档中插入"教学楼.jpg"图片也可选用水印的页面背景方式，方法如下。

步骤 1：单击"设计"选项卡"页面背景"选项组中的"水印"按钮，如图 6.4.1 所示。

图 6.4.1
"水印"按钮

步骤 2：在弹出的下拉框中选择"自定义水印"命令，如图 6.4.2 所示。

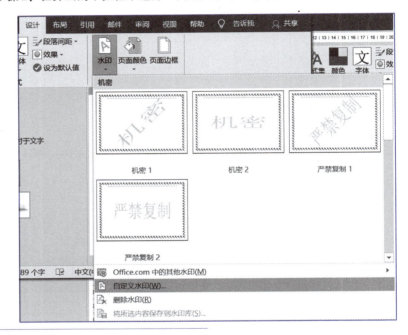

图 6.4.2
"自定义水印"命令

步骤 3：在打开的"水印"对话框中选中"图片水印"单选按钮，单击"选择图片"按钮，如图 6.4.3 所示。

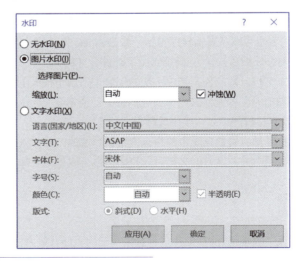

图 6.4.3
"水印"对话框

步骤 4：在打开的"插入图片"对话框中选择要插入的图片，如图 6.4.4 所示，单击"插入"按钮，完成图片插入。

图 6.4.4
选择要插入的图片

6.5　思考与练习

1. 利用"邮件合并"将数据文件"报考名单.xlsx"合并到"准考证"主文档中，生成所有考生的准考证。

2. 新年将至，某公司公关部要给所有的客户和合作伙伴发一封"贺卡"，贺卡内容完全一样，但其中的收信地址、单位、姓名不同。请用"邮件合并向导"根据"客户.xlsx"数据文件中的数据给每人制作一个贺卡。

3. 注意：以下文件必须保存在素材文件夹下。

北京××大学信息工程学院讲师张东明撰写了一篇名为"基于频率域特性的闭合轮廓描述子对比分析"的学术论文，拟投稿于某大学学报，根据该学报相关要求，论文必须按照该学报论文样式进行排版。请根据素材文件夹下"素材.docx"和相关图片文件等素材完成排版任务，具体要求如下。

（1）将素材文件"素材.docx"另存为"论文正样.docx"，保存于素材文件夹下，最终排版不超过 5 页，样式可参考素材文件夹下的"论文正样 1.jpg"～"论文正样 5.jpg"。

（2）论文页面设置为 A4 幅面，上、下、左、右边距分别为 3.5 cm、2.2 cm、2.5 cm 和 2.5 cm。论文页面只指定行网格（每页 42 行），页脚距边距为 1.4 cm，在页脚居中位置设置页码。

（3）论文正文之前的内容，段落不设首行缩进，其中论文标题、作者、作者单位的中英文部分均居中显示，其余为两端对齐。文章编号为黑体小五；论文标题（红色字体）大纲级别为 1 级、样式为标题 1，中文为黑体，英文为 Times New Roman，字号为三号。作者姓名的字号为小四，中文为仿宋，西文为 Times New Roman。作者单位、摘要、关键字、中图分类号等中英文部分字号为小五，中文为宋体，西文为 Times New Roman，其中摘要、关键字、中图分类号等中英文内容的第 1 个词（冒号前面的部分）设置为黑体。

（4）参考"论文正样 1.jpg"示例，为作者姓名后面的数字和作者单位前面的数字（含中、英文两部分），设置正确的格式。

（5）自正文开始到参考文献列表，页面布局分为对称两栏。设置正文（不含图、表、独立成行的公式）为五号（中文为宋体，西文为 Times New Roman），首行缩进 2 字符，单倍行距；表注和图注为小五（表注中文为黑体，图注中文为宋体，西文均用 Times New Roman），居中显示，其中正文中的"表 1""表 2"与相关表格有交叉引用关系（注意："表 1""表 2"中的"表"字与数字之间没有空格），参考文献列表为小五，中文为宋体，西文为 Times New Roman，采用项目编号，编号格式为"[序号]"。

（6）素材中黄色文字部分为论文的第一层标题，大纲级别为 2 级，样式为标题 2，多级项目编号格式为"1、2、3、…"，格式为黑体、四号、黑色，段落行距为最小值 30 磅，无段前段后间距；素材中蓝色文字部分为论文的第二层标题，大纲级别为 3 级，样式为标题 3，对应的多级项目编号格式为"2.1、2.2、…、3.1、3.2、…"，格式为黑体、五号、黑色，段落行距为最小值 18 磅，段前段后间距为 3 磅，其中参考文献无多级编号。

4. 在素材文件夹下打开文档 WORD.DOCX，按照要求完成下列操作并以该文件名（WORD.DOCX）保存文档。

某知名企业要举办一场针对高校学生的大型职业生涯规划活动，并邀请了众多业内人士和资深媒体人员参加，该活动由著名职场达人及东方集团的老总陆达先生担任演讲嘉宾，吸引了各高校学生纷纷前来听取讲座。为了活动能够圆满成功，并能引起各高校毕业生的广泛关注，该企业行政部准备制作一份精美的宣传海报。

请根据上述活动的描述，制作一份宣传海报。具体要求如下。

（1）调整文档的版面，如页面高度、页面宽度、页边距（上、下、左、右）。

（2）将素材文件夹下的图片"背景图片.jpg"设置为海报背景。

（3）根据"Word-最终参考样式.docx"文件，调整海报内容文字的字体、字号以及颜色。

（4）根据页面布局需要，调整海报内容中"演讲题目""演讲人""演讲时间""演讲日期""演讲地点"信息的段落间距。

（5）在"演讲人："位置后面输入报告人"陆达"；在"主办：行政部"位置后面另起一页，并设置第 2 页的页面纸张大小为 A4 类型，纸张方向为"横向"，此页页边距为"普通"页边距定义。

（6）在第？页的"报名流程"下，利用 SmartArt 制作本次活动的报名流程（行政部报名、确认坐席、领取资料、领取门票）。

（7）在第？页的"日程安排"段落下，复制本次活动的日程安排表（请参照"Word-日程安排.xlsx"文件），要求表格内容引用 Excel 文件中的内容，如果 Excel 文件中的内容发生变化，Word 文档中的日程安排信息随之发生变化。

（8）更换演讲人照片为素材文件夹下的 luda.jpg 照片，将该照片调整到适当位置，且不要遮挡文字内容。

（9）保存本次活动的宣传海报为 WORD.DOCX。

项目 7　Word 多人协同编辑文档——"IT 新技术"书稿的组织

1. 项目要求

当涉及多个领域且篇幅较长，需要由多人共同编写才能完成的文档时，协同工作是一个非常重要的工作方式。Word 大纲视图下的主控文档管理子文档的功能为应用这一工作方式提供了方便。本项目以组织编写书稿"IT 新技术"为例讲解该功能的应用。书稿"IT 新技术"包括云计算、大数据、人工智能、5G 通信、物联网 5 个方面的内容，如图 7.1.1 所示。

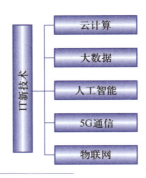

图 7.1.1
书稿"IT 新技术"包含的 5 个方面

2. 项目分析

书稿需要分别由 5 位不同领域的作者来完成，首先建立书稿的主控文档和生成"云计算""大数据""人工智能""5G 通信""物联网"5 个子文档后，分发相应的子文档给不同的作者。作者完成相应部分的书稿后要合并为一个文档，然后通过批注、修订等方式进行反复修改，最终完成书稿的编写工作。具体要求如下。

① 通过 Word 的主控文档来生成 5 个子文档。

② 主控文档对子文档进行修订和批注等管理。

③ 修订和批注完成后，主控文档转换成普通文档，完成书稿的组织管理。

本项目主要用到的知识如下。

① Word 样式的应用。

② Word 主控文档和子文档的建立。

③ Word 批注和修订的应用。

④ 主控文档与子文档的操作应用。

⑤ 多人协作在线编辑软件的认识。

1. 主控文档的建立和子文档的生成

主控文档是用来建立并管理子文档的文档，它相当于一个容器，里面包含多个子文档，子文档受主控文档控制，除了可以单独打开子文档外也可在主控文档中打开，如图 7.2.1 所示。主控文档可以通过以下 3 种形式来创建。

- 通过空白文档创建。
- 将已有文档转化成主控文档。
- 将子文档添加到主控文档。

微课 7–1
创建主控文档

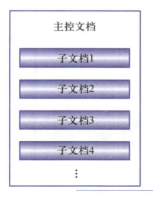

图 7.2.1
主控文档和子文档关系

由于现还没有主控文档和子文档，所以只能通过空白文档来创建，主控文档命名为"IT 新技术.docx"，子文档分别命名为"云计算.docx""大数据.docx""人工智能.docx""5G 通信.docx""物联网.docx"。方法如下。

步骤 1：新建空白 Word 文档，文件名为"IT 新技术.docx"，保存在指定的文件夹下。

步骤 2：在文档中每一行建立子文档名的文字内容，并设置字体样式为"标题 1"，如图 7.2.2 所示。

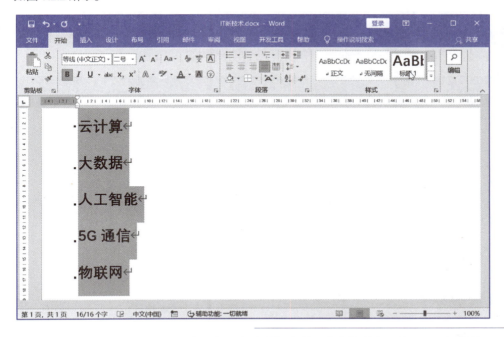

图 7.2.2
设置了标题
样式的文档

步骤 3：单击"视图"选项卡"视图"选项组中的"大纲"按钮，如图 7.2.3 所示，切换到"大纲"视图。

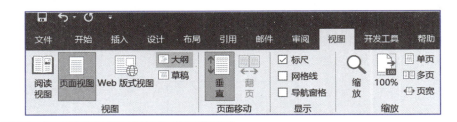

图 7.2.3
"大纲"按钮

步骤 4：在"大纲显示"选项卡"主控文档"选项组中单击"显示文档"按钮，展开"主控文档"区域，如图 7.2.4 所示。

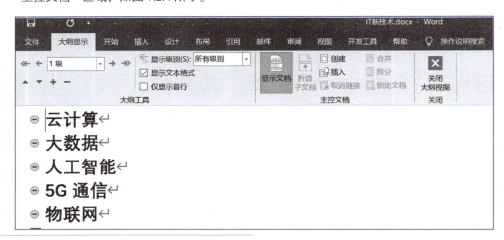

图 7.2.4
展开后的"主控文档"选项组

步骤 5：按 Ctrl+A 组合键选中全文，单击"主控文档"选项组中的"创建"按钮，即可把文档拆分成 5 个子文档，系统会将拆分开的 5 个子文档内容分别用框线标记，并在框线左上角显示一个子文档图标，子文档之间用分节符隔开，如图 7.2.5 所示。

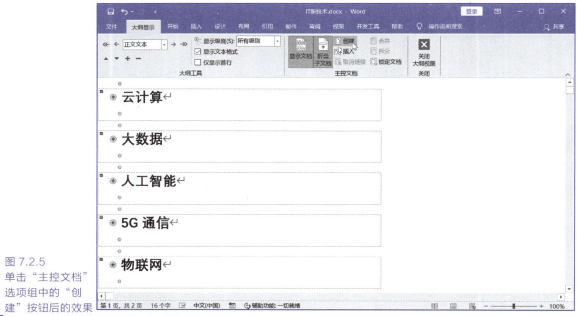

图 7.2.5
单击"主控文档"选项组中的"创建"按钮后的效果

步骤 6：最后把文档"IT 新技术.docx"保存到一个单独的文件夹（如"D:\IT 新技术"）后退出，保存时 Word 会同时在该文件夹中创建"IT 新技术.docx"的主控文档和"云计算.docx""大数据.docx""人工智能.docx""5G 通信.docx""物联网.docx"5 个子文档，如图 7.2.6 所示。

图 7.2.6
创建了主控文档和
子文档的文件夹

【说明】

　　自动拆分以设置了"标题 1"样式的标题文字为拆分点，并默认以首行标题作为子文档名称。若想自定义子文档名，可在第一次保存主控文档前，双击框线左上角的图标打开子文档，在打开的 Word 窗口中单击"保存"按钮即可自由命名保存子文档。在保存主控文档后子文档不能改名、移动，否则主控文档会因找不到子文档而无法显示。

2. 汇总文档

把"D:\IT 新技术"文件夹下的 5 个子文档按分工发给 5 位作者进行撰稿，然后收集5 位作者编写的文档，注意收集的文档名要和子文档名相同。再把这些文档复制粘贴到"D:\ IT 新技术"文件夹下覆盖同名文件，即可完成汇总。

3. 修改文档

打开主控文档"IT 新技术.docx"，看到文档中只有几行子文档的地址链接，如图 7.2.7所示。切换到大纲视图，在"大纲显示"选项卡"主控文档"选项组中单击"展开子文档"按钮，即可显示各个子文档内容。

现在的主控文档是汇总后的链接到各子文档的文档，可以直接在主控文档中进行批注、修订等操作，修订、批注内容都会同时保存到对应子文档中。

主控文档修改完成后先保存，再把"D:\ IT 新技术"文件夹下的子文档重新发回给相应作者，可以按修订、批注内容进行修改完善。重复此步骤直到文稿最终完成。

微课 7-2
主控文档的管理

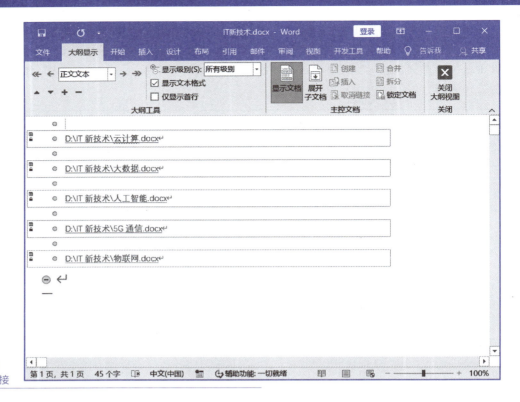

图 7.2.7
主控文档中的
子文档地址链接

4．转成普通文档

考虑到主控文档打开时不会自动显示内容且必须附上所有子文档等问题，因此还需要把编辑好的主控文档转成一个普通文档。方法如下。

步骤 1：打开主控文档"IT 新技术.docx"，在大纲视图下单击"大纲显示"选项卡"主控文档"选项组中的"展开子文档"按钮以完整显示所有子文档内容，如图 7.2.8 所示。

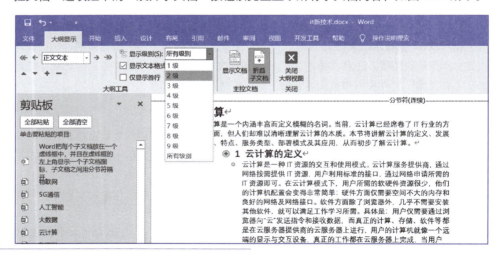

图 7.2.8
大纲视图下的
子文档展开效果

步骤 2：在"显示级别"下拉列表框中选择"2 级"，再单击"主控文档"选项组中的"显示文档"按钮，效果如图 7.2.9 所示。

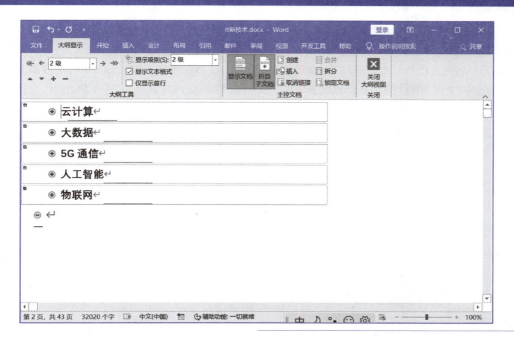

图 7.2.9
主控文档中的
大纲显示效果

步骤 3：选中链接的所有子文档，单击"主控文档"选项组中的"取消链接"按钮，如图 7.2.9 所示。

步骤 4：通过"文件"选项卡中的"另存为"命令，原来的主控文档便合并为一个普通文档，并保存在用户指定的位置。

7.3 项目总结

1. 利用 Word 的主控文档对子文档的组织与管理功能来实现多人协作文档的编辑，是一种把不同文档合并成一个长文档的重要方法。

2. 主控文档可以通过空白文档、将已有的文档转化成主控文档、将子文档添加到主控文档等 3 种形式来创建。

3. 子文档受主控文档控制，除了可以单独打开外也可在主控文档中打开。

4. 主控文档可以对子文档进行"合并"和"拆分"操作，也可以通过"取消链接"命令把一个包含有子文档的主控文档转化为普通文档。

5. Word 中多人协作编辑文档的另一种方法是：用户在 Word 中单击"插入"选项卡"文本"选项组中的"对象"按钮，在下拉列表中选择"文件中的文字"命令也可以快速合并多人分写的文档。

6. 利用通过主控文档中进行的格式设置、修改、修订、批注等内容都能自动同步到对应子文档中，这一点在需要重复修改、拆分、合并时更加方便。

7.4 项目拓展

腾 讯 文 档

现在越来越多的人在网络中通过在线形式来编辑文档，这就产生了多种在线协同编辑文档的工具软件。常见的在线文档编辑软件有石墨文档、腾讯文档、WPS、有道云笔记等，这里重点介绍腾讯文档。

腾讯文档是一款可多人同时编辑的在线文档，支持在线 Word/Excel/PPT/PDF/收集表等多种文档类型。可以在计算机端（PC 客户端、腾讯文档网页版）、移动端（腾讯文档 App、腾讯文档微信/QQ 小程序）、iPad 等多种设备上随时随地查看和修改文档。

1．腾讯文档的主要特点

（1）在线

① 无需下载安装，打开网址（https://docs.qq.com）即可开始编辑，如图 7.4.1 所示。

图 7.4.1
腾讯文档的界面

② 随时随地使用。PC、Mac、iPad、iOS 和 Android 等设备皆可顺畅访问、创建和编辑文档。

③ 无需特意保存。系统会对输入做自动保存，不用担心断网、断电导致编辑内容的丢失，重新联网后文档内容自动恢复。

（2）协作

支持多人同时查看和编辑，多人协作无需反复收发文件，实时查看协作者的修改内容，可以查看修订记录。强大的分享功能，让协作更容易。支持复制链接，可分享给 QQ 和微信好友。

（3）安全

强大的文档权限设置能力，查看和编辑权限云端可控，自主设置协作者的阅读和编辑权限，可针对 QQ、微信好友设置文档访问权限。

（4）给文档设置水印，文档版权有保障

在分享或打印文档之前，可以在文档上添加自定义的文字水印，保护文档的版权权益。

（5）实时翻译

自动识别语言，快速实现全文翻译，译文支持一键生成文档，方便保存和查看。

（6）丰富的模板

支持工作日报、会议纪要、简历、工作日程和报名签到等模板。

2．腾讯文档的使用

（1）腾讯文档的打开

在计算机端打开浏览器，输入网址（https//docs.qq.com）即可打开腾讯文档。也可输入"腾讯文档"进行搜索后找到该网站，如图 7.4.2 所示，单击超链接进入。

图 7.4.2
网页中的腾讯
文档超链接

手机端可通过微信或 QQ 搜索"腾讯文档"进入，如图 7.4.3 所示。

（2）新建腾讯文档文件

单击页面上的"新建"按钮，然后在下拉列表中可选择"在线文档""在线表格""在线幻灯片""在线收集表""在线思维导图"等不同类型的文档，如图 7.4.4 所示。

图 7.4.3
微信进入腾讯
文档的界面

图 7.4.4
新建不同类型
文档的列表

也可单击"通过模板新建"按钮，进入腾讯模板，选择不同的模板来建立文档，如图 7.4.5 所示。

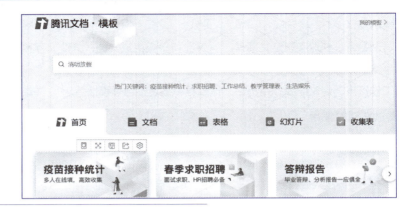

图 7.4.5
腾讯模板

（3）分享腾讯文档

文档编辑完成后，单击页面右上角位置的"分享"按钮，便可打开"文档分享"对话框，如图 7.4.6 所示。

图 7.4.6
腾讯文档中的"分享"按钮

用户可根据自己的需求选择分享权限，在"分享至"选项区域中选择分享的群体，如图 7.4.7 所示。

图 7.4.7
腾讯文档中的"分享"界面

（4）保存腾讯文档为本地文档

在文档编辑页面，单击右上角位置的 ☰ 按钮，在下拉列表中选择"导出为"→"本地 Word 文档"命令，如图 7.4.8 所示，文档便会被下载保存到本地。

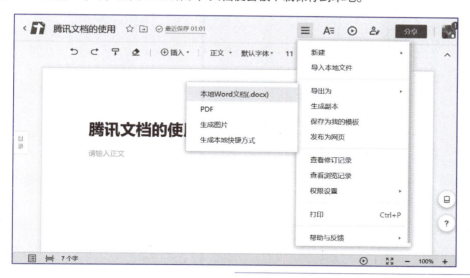

图 7.4.8
文档操作下拉列表

（5）删除腾讯文档中的用户文档

返回到腾讯文档首页并刷新页面，可在"我的文档"下看到用户建立的文档。选择要删除的文档，然后单击右上角的"删除"按钮，如图 7.4.9 所示，在弹出确认是否要删除的对话框中单击"确定"按钮即可完成删除。

图 7.4.9
文档删除操作界面

7.5 思考与练习

1. 在 Word 2016 中要将多个 Word 文档合并为一个文档，有哪些常用的方法？
2. 多人协作在线编辑文档常使用哪些工具软件？

项目 8　Excel 建立学生成绩表

8.1　项目要求和分析

微课 8-1
学生信息表的建立

1.　项目要求

　　学校需要对某个专业年级学生的学年成绩进行信息化管理。需要使用 Excel 软件创建成绩信息的电子表格，录入两个学期的成绩数据。要求对电子表格进行格式化设置，方便数据的显示。

2.　项目分析

　　创建一个 Excel 工作簿文件"建工专业×××年度成绩表"，创建两张工作表分别存储不同学期的成绩，分别命名为"期末成绩表-春期"和"期末成绩表-秋期"，如图 8.1.1 所示。

项目 姓名	学号	班级	民族	性别	年龄	籍贯	学期成绩统计		
							工程数学	计算机	体育
李泳明	200201001	建工2001	汉	男	18	江苏	79	89	89
许晴	200201002	建工2001	汉	女	19	四川	80	49	89
张一伟	200201003	建工2001	汉	男	16	福建	81	95	84
余兰	200201004	建工2001	回	女	19	广东	82	87	87
李春波	200201005	建工2001	满	男	20	浙江	83	82	78
王朝林	200201006	建工2002	汉	男	18	四川	84	50	79
李达	200201007	建工2002	汉	男	17	四川	98	78	80
杨明	200201008	建工2002	汉	男	16	四川	91	90	78
李明扬	200201009	建工2002	回	女	19	四川	82	69	76
汪子千	200201010	建工2002	汉	男	18	四川	73	56	74
钟丽	200201011	建工2002	汉	女	17	四川	98	78	80
石倩	200201012	建工2002	汉	女	16	四川	91	91	79
龙梅	200201013	建工2002	汉	男	18	江苏	82	69	66
杨丽芳	200201014	建工2003	汉	男	19	四川	73	90	74
钟传	200201015	建工2003	回	男	17	福建	45	78	80
王明	200201016	建工2003	汉	男	20	广东	91	91	91
李湘	200201017	建工2003	汉	女	19	浙江	92	92	92
龚明	200201018	建工2003	汉	男	21	新疆	93	93	93
余珂欣	200201019	建工2003	白	女	20	河北	94	94	94
杨果	200201020	建工2003	白	女	19	河北	95	95	95

(a) 期末成绩表-春期

项目 姓名	学号	班级	民族	性别	年龄	籍贯	学期成绩统计			
							英语	建筑构造	钢结构	土力学
李泳明	200201001	建工2001	汉	男	18	江苏	78	76	78	94
许晴	200201002	建工2001	汉	女	19	四川	79	93	89	89
张一伟	200201003	建工2001	汉	男	16	福建	80	88	97	49
余兰	200201004	建工2001	回	女	19	广东	81	76	53	95
李春波	200201005	建工2001	满	男	20	浙江	82	66	95	87
王朝林	200201006	建工2002	汉	男	18	四川	83	78	88	82
李达	200201007	建工2002	汉	男	17	四川	84	75	79	78
杨 明	200201008	建工2002	汉	男	16	四川	55	80	80	78
李明扬	200201009	建工2002	回	女	19	四川	82	91	81	88
汪子千	200201010	建工2002	汉	男	18	四川	85	67	82	90
钟丽	200201011	建工2002	汉	女	17	四川	63	80	56	98
石倩	200201012	建工2002	汉	女	16	四川	77	78	78	91
龙梅	200201013	建工2002	汉	男	18	江苏	67	76	89	82
杨丽芳	200201014	建工2003	汉	男	19	四川	85	74	91	73
钟传	200201015	建工2003	回	男	17	福建	63	45	81	66
王明	200201016	建工2003	汉	男	20	广东	68	78	90	91
李湘	200201017	建工2003	汉	女	19	浙江	56	78	90	91
龚明	200201018	建工2003	汉	男	21	新疆	69	79	91	92
余珂欣	200201019	建工2003	白	女	20	河北	70	80	92	93
杨果	200201020	建工2003	白	女	19	河北	71	81	93	94

(b) 期末成绩表-秋期

图 8.1.1
成绩表数据

8.2 实现步骤

1．Excel 工作簿文件

新建 Excel 工作簿文件"学生成绩表.xlsx"，操作步骤如下。

（1）启动 Microsoft Excel 2016 软件

选择"开始"→"所有程序"→Excel 菜单命令，启动 Excel 软件，自动创建一个默认名为"工作簿 1"的工作簿，如图 8.2.1 所示。

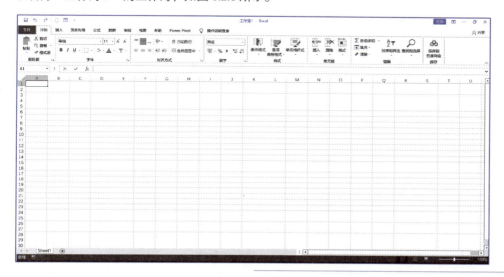

图 8.2.1
Excel 2016
工作界面

（2）添加工作表

在工作表标签按钮 Sheet1 右侧，单击两次"新工作表"按钮⊕，依次添加两张工作表 sheet2 和 sheet3。

（3）重命名工作表名称

在工作表标签栏 sheet1 工作表标签上右击，在弹出的快捷菜单中选择"重命名"命令，输入"期末成绩表-春期"，同样的操作重命名 sheet2 工作表标签为"期末成绩表-秋期"。修改后的工作表标签栏如图 8.2.2 所示。

图 8.2.2
重命名后的工作表标签栏

（4）保存工作簿文件

在 Excel 工作界面中，在"文件"选项卡中选择"保存"命令，在"另存为"选项中单击"浏览"按钮，打开"另存为"对话框，在其中选择保存位置，保存文件名为"姓名-项目 1 学生成绩表.xlsx"。

2．创建工作表：期末成绩表-春期

（1）合并单元格

步骤 1：选定需要合并的单元格（A1 和 A2），在"开始"选项卡"对齐方式"选项

组中，单击右下角的对话框启动器按钮，打开"设置单元格格式"对话框，如图 8.2.3 所示。

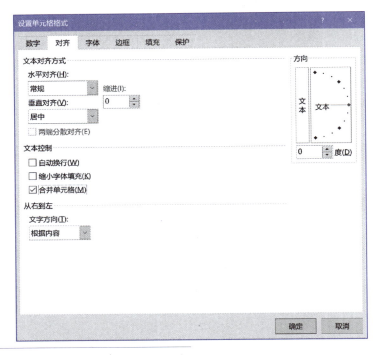

图 8.2.3
"设置单元格格式"对话框

步骤 2：在该对话框的"对齐"选项卡"文本控制"选项区域中选中"合并单元格"复选框，单击"确定"按钮，即可完成单元格合并操作。

步骤 3：选定 A1 单元格，按住右下角的填充柄，向右填充到 G 列，依次完成单元格的合并，选定 H1:J1，完成单元格合并操作。

（2）绘制斜线表头

选定 A1 单元格，在"开始"选项卡"字体"选项组中，单击"下框线"下拉按钮，在下拉列表中选择"其他边框"命令，在打开的"设置单元格格式"对话框的"边框"选项卡中单击 🔲 按钮，单击"确定"按钮，在 A1 单元格中添加斜线。

（3）输入行标题

步骤 1：双击 A1 单元格（插入点光标在单元格中闪烁）。

步骤 2：在单元格中输入文字"项目姓名"，在"姓"字前双击，按 Alt + Enter 组合键，将"姓名"强制换行。

步骤 3：在"项"字前双击，按 Space 键，将"姓名"换到下行显示。

（4）参照图 8.1，录入成绩表数据

可使用填充柄快速输入"学号"和"班级"的数据，方法为：选定 B3 单元格，输入 200201001，按住 Ctrl 键，将鼠标指针移到单元格的右下角，当填充柄（黑色实心十字架✚）出现后，再按住鼠标左键，拖动到 B22 单元格，即可完成所有同学"学号"数据的输入。

（5）字体设置

选定 A1:J22 单元格区域，在"开始"选项卡"字体"选项组中，如图 8.2.4 所示。选择"宋体"，12 磅，选定 A1:G1 单元格区域，单击"加粗"按钮。在"开始"选项卡"单元格"选项组中单击"格式"下拉按钮，在弹出的下拉列表中选择"自动调整列宽"命令，使得表中所有列中的数据都能显示。

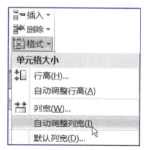

(a)"字体"选项组　　　(b)"单元格"选项组

图 8.2.4
字体格式化

（6）设置边框线

步骤 1：选定 A1:J22 单元格区域。

步骤 2：在"开始"选项卡"字体"选项组中，单击"下框线"下拉按钮，在弹出的下拉列表中选择"其他边框"命令，打开"设置单元格格式"对话框，如图 8.2.5 所示。

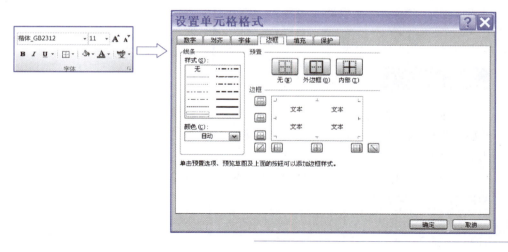

图 8.2.5
"设置单元格格式"对话框
"边框"选项卡

步骤 3：在该对话框的"样式"列表框中选择"双实线"，设置"颜色"为"绿色"，在"预置"选项区域单击"外边框"按钮，单击"确定"按钮，完成外边框框线的设置。

步骤 4：在"样式"列表框中选择"细线"，设置"颜色"为"黑色"，在"预置"选项区域单击"内部"按钮，单击"确定"按钮，完成内部框线的设置。

（7）单元格对齐方式

步骤 1：选定 A1:J22 单元格区域。

步骤 2：按住 Ctrl 键，单击 A1 单元格，取消 A1 单元格的选定。

步骤 3：在"开始"选项卡"对齐方式"选项组中，单击"居中"按钮，设置所有选定内容为居中对齐。

（8）设置条件格式

步骤 1：选定 H3:J22 单元格区域。

步骤 2：在"开始"选项卡"样式"选项组中，单击"条件格式"按钮，在弹出的下拉列表中选择"突出显示单元格规则"→"小于"命令，在打开的对话框中输入 60，如图 8.2.6 所示，所有选定单元格中数值小于 60 的都将设置为"浅红填充色深红色文本"。

步骤 3：单击"确定"按钮，完成条件格式的设置。

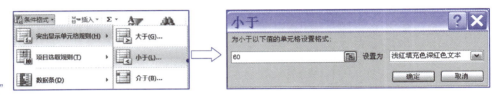

图 8.2.6
设置"条件格式"

3．创建工作表：期末成绩表–秋期

① 单击工作表标签"期末成绩表–秋期"，切换为当前工作表。

② 复制相同数据。

在"期末成绩表–春期"工作表中，选定 A、B、C 3 列，按 Ctrl+C 组合键复制，切换当前表为"期末成绩表–秋期"，选定 A1 单元格，按 Ctrl+V 组合键粘贴。

③ 参考图 8.1.1　成绩表录入数据，格式化设置参照"期末成绩表–春期"的要求。

8.3　项目总结

本项目是根据实际应用需要，设计信息所包含的列标题，利用 Excel 创建表格的结构，正确地录入数据，对表格和内容进行格式化操作，这是数据存储信息化的首要条件。本项目重点完成了如下操作内容。

1．在本项目中通过学习班级学期成绩表的制作，掌握表格的制作、数字格式设置、函数添加、自动填充等操作。

2．Excel 中的表格线条是由边框线设置，表格是由外部边框 4 条线（上、下、左、右）和内部 2 条线（横和竖）构成。斜线表头是通过单元格边框线的斜线绘制，行、列标题是通过强制换行设置。

3．Excel 中的文件、边框底纹等格式化操作与 Word 相似，只是对齐方式多了靠上、靠下对齐，居中包括跨列居中和居中。

8.4　项目拓展

创建工作簿文件"Excel 项目拓展–1.xlsx"，设计如图 8.4.1 所示的表结构和格式化设置。3 张工作表名称分别为"课程表""各地区产品销售清单""象棋棋盘"。

	A	B	C	D	E	F
1			课程表			
2/3	星期节	星期一	星期二	星期三	星期四	星期五
4/5	1					
6/7	2					
8/9	3					
10/11	4					

各地区产品销售清单

产品名称 \ 地区	南部		北部	西部	东部	合计
	西南	东南				
玩　　具						
自　行　车						
书　　籍						
帽　　子						
合　　计						

象棋棋盘

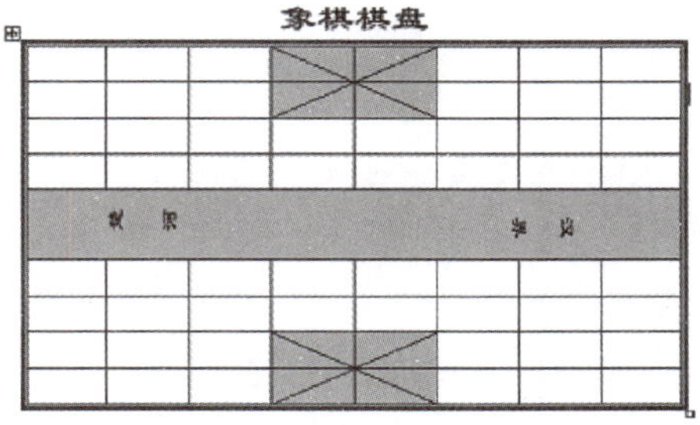

图 8.4.1
表格

8.5 思考与练习

1. Excel 工作表的单元格格式，可以使用什么方式快速复制？

2. 在 Excel 工作表中，快速设置多行为统一的行高，应如何操作？

3. Excel 对单元格如何进行拆分操作？

项目 9　Excel 学生成绩信息计算

9.1　项目要求和分析

1．项目要求

录入学生成绩表后，要求对学生的总分、平均分等进行计算，比较学生和各班级成绩，分析班级及学生学习情况，以便进一步掌握学生的学习情况。具体要求如下。

① 计算学生的总分、平均分。

② 统计学生是否有不及格科目。

③ 根据姓名查询学生科目成绩。

④ 统计学生的学期成绩情况。

2．项目分析

① 使用 Excel 的公式和相关函数完成计算。

② 使用公式自动填充功能快速完成计算。

9.2　实现步骤

打开"Excel 项目 9.2 实验用.xlsx"。

1．整理"期末成绩表-春期"工作表

切换当前工作表为"期末成绩表-春期"，对工作表的表结构和数据进行整理。

（1）取消合并单元格

切换"期末成绩表-春期"工作表为当前工作表，选定 A1:G1 单元格区域，在"开始"选项卡的"对齐方式"选项组中，单击"合并后居中"按钮，即可取消合并单元格。用同样的方法，取消合并 H1:J1 单元格区域，结果如图 9.2.1 所示。

图 9.2.1
修改后的表头

	A	B	C	D	E	F	G	H	I	J
1	项目	学号	班级	民族	性别	年龄	籍贯	学期成绩统计		
2								工程数学	计算机	体育

（2）修改工作表的表头（列标题）

步骤 1：选定 A2:G2 单元格区域，在"开始"选项卡的"单元格"选项组中，单击"删除"按钮，即删除选定的单元格。用同样的方法，删除 H1:J1 单元格区域。

步骤 2：选定 A1 单元格，使用添加斜线的方法，在"设置单元格格式"对话框中，取消选中"合并换行"复选框。在"边框"选项卡的"边框"选项区域中，单击⬚按钮，即可撤销单元格斜线。

步骤 3：选定 A1 单元格，删除文本"项目"，设置单元格对齐方式为"居中"。

修改后的表头如图 9.2.2 所示。

图 9.2.2
"数据清单"表头

	A	B	C	D	E	F	G	H	I	J
1	姓名	学号	班级	民族	性别	年龄	籍贯	工程数学	计算机	体育

2．整理"期末成绩表-秋期"

参照上面的方法，整理工作表"期末成绩表-秋期"中的数据。

3．春期成绩计算

打开工作表"期末成绩表-春期"，完成总分和平均分的计算。

（1）总分计算

步骤 1：在 K1 列输入列标题"总分"。

步骤 2：选定 K2 单元格，输入公式"= H2+I2+J2"，按 Enter 键确认。

步骤 3：选定 K2 单元格，将鼠标指针移到单元格的右下角，当填充柄出现后，双击填充柄，向下填充到单元格 K21，完成所有学生总分的计算。

（2）平均分计算

步骤 1：在 L1 单元格中输入列标题"平均分"。

步骤 2：选定单元格 L2，输入公式"=K2/3"，按 Enter 键确认。

步骤 3：选定单元格 L2，将鼠标指针移到单元格的右下角，当填充柄出现后，双击填充柄，向下填充到单元格 L21，完成所有学生平均分的计算。

（3）保留小数位数

步骤 1：选定单元格区域 L2:L21。

步骤 2：在"开始"选项卡的"数字"选项组中，单击右下角的对话框启动器按钮，打开"设置单元格格式"对话框。

步骤 3：在该对话框"数字"选项卡的"分类"列表框中选择"数值"选项，设置小数位数为 0、单元格中的数据保留整数。

（4）计算是否全及格

【提示】

判断所有科目成绩的最小值都大于或等于 60 分，即科目及格，全部及格显示"是"，否则显示"否"。使用条件函数（IF）和求最小值函数（MIN）判断是否所有科目都及格。

步骤 1：在 M1 单元格中输入列标题"全及格"。

步骤 2：选定 M2 单元格，输入函数"=IF(MIN(H2:J2)>=60,"是","否")"，按 Enter 键确认。

步骤 3：选定单元格 M2，将鼠标指针移到单元格的右下角，当填充柄出现后，双击填充柄，向下填充到单元格 M21，完成所有学生的计算。

（5）计算年级排名

步骤 1：在 L1 单元格中输入列标题"年级排名"。

步骤 2：选定 L2 单元格，输入函数"=RANK(L2,$L$2:$L$21)"，按 Enter 键确认。

步骤 3：选定单元格 L2，将鼠标指针移到单元格的右下角，当填充柄出现后，双击填充柄，向下填充到单元格 L21，完成所有学生的计算。

（6）添加边框线

选定 J1:J21 单元格区域，单击"开始"选项卡"剪贴板"选项组中的"格式刷"按钮，为 K1:M21 单元格区域添加外框线为绿色双实线和内部框线为绿色虚线。

4．秋期成绩计算

打开工作表"期末成绩表-秋期"，使用函数完成工作表中总分和平均分的计算。

（1）总分计算

步骤 1：在 L1 单元格中输入列标题"总分"。

步骤 2：选定 L2 单元格，编辑函数"=SUM(H2:K2)"，按 Enter 键确认。

步骤 3：选定单元格 L2，将鼠标指针移到单元格的右下角，当填充柄出现后，双击填充柄，向下填充到单元格 L21，完成所有学生总分的计算。

（2）平均分计算

步骤 1：在 M1 单元格中输入列标题"平均分"。

步骤 2：选中 M2 单元格，编辑函数"=AVERAGE(H2:K2)"，按 Enter 键确认。

步骤 3：选定单元格 M2，将鼠标指针移到单元格的左下角，当填充柄出现后，双击填充柄，向下填充到单元格 M21，完成所有学生平均分的计算。

步骤 4：保留整数：选定单元格 M2 到 M21，设置单元格的数据保留整数。

方法是：在"开始"选项卡"数字"选项组中，单击右下角的对话框启动器按钮，在打开的"设置单元格格式"对话框"数字"选项卡中的"分类"列表框中选择"数值"项，小数位数为 0。

（3）计算是否全及格

步骤 1：在单元格 N2 中输入列标题"全及格"。

步骤 2：选定单元格 N2，编辑函数"=IF(MIN(H2:K2)>=60,"是","否")"，按 Enter 键确认。

步骤 3：选定单元格 N2，将鼠标指针移到单元格的右下角，当填充柄出现后，双击填充柄，向下填充到单元格 M21，完成所有学生的计算。

（4）添加边框线

选定 J1:J21 单元格区域，单击"开始"选项卡"剪贴板"选项组中的"格式刷"按钮，为 L1:N21 单元格区域添加外框线为绿色双实线和内部框线为绿色虚线。

5．按学期计算年级的最高分、最低分、平均分。

在当前工作簿中，添加工作表"年级成绩计算"，如图 9.2.3 所示。

	A	B	C	D
1		最高分	最低分	平均分
2	春期			
3	秋期			

图 9.2.3
"年级成绩计算"工作表

（1）计算春期最高分

步骤 1：选定 B2 单元格，在"公式"选项卡的"函数库"选项组中，单击"插入函数"按钮 fx，打开"插入函数"对话框，如所图 9.2.4 所示。

步骤 2：选择 MAX 函数，单击"确定"按钮。

步骤 3：打开"函数参数"对话框，单击标签栏的工作表"期末成绩表-春期"，选定 H2:J21 单元格区域，在对话框中单击"确定"按钮，完成计算。

118

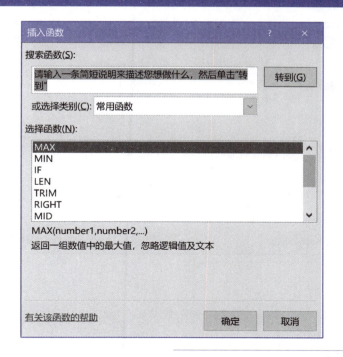

图 9.2.4
"插入函数"对话框

【提示】

B2 单元格中的公式为 "=MAX('期末成绩表-春期'!H2:J21)"。

（2）计算春期最低分

C2 单元格中的公式为 "=MIN('期末成绩表-春期'!H2:J21)"。

（3）计算春期最平均分

D2 单元格中的公式为 "=AVERAGE('期末成绩表-春期'!H2:J21)"。

6. 查找指定学生的指定科目成绩

在当前工作簿中，添加工作表"成绩查询"，如图 9.2.5 所示。

	A	B	C
1	姓名	建筑构造	土力学
2	余兰		
3	杨 明		
4	余珂欣		

图 9.2.5
"成绩查询"工作表

步骤 1：选定 B2 单元格，在"公式"选项卡的"函数库"选项组中，单击"插入函数"按钮 fx，打开"插入函数"对话框。

步骤 2：选择 VLOOKUP 函数，单击"确定"按钮，弹出"函数参数"对话框，如图 9.2.6 所示。

步骤 3：将光标定位到 Lookup_value 参数文本框中，单击 A2 单元格。

步骤 4：将光标定位到 Table_array 参数文本框中，单击标签栏的工作表"期末成绩表-秋期"，选定 H2:J21 单元格区域，按 F4 键添加单元格的绝对引用。

步骤 5：在 Col_index_num 参数框中输入 9，单击"确定"按钮，完成计算。

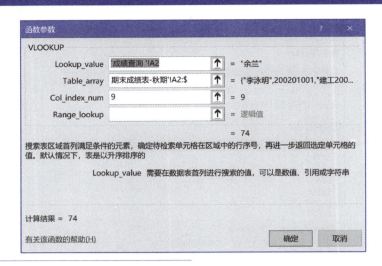

图 9.2.6
VLOOKUP 函数参数

【提示】

    B2 单元格中的公式为 "=VLOOKUP(Sheet3!A2,'期末成绩表-秋期'!A2:$K$21,9)"。

        步骤 6：选定 B2 单元格，使用填充柄向下填充到 B4 单元格，完成其他学生的查询计算。

9.3　项目总结

    本项目练习了在 Excel 中，使用公式以及相关函数完成计算，重点学习了以下内容。
- 使用公式和函数完成相关的计算。
- 常用函数的功能和参数含义。

9.4　项目拓展

    新建工作簿文件，保存为 "姓名+拓展练习_9.xlsx"，完成以下题目并保存。

    1. 添加工作表 "计算机成绩单"，如图 9.4.1 所示，将 A1:F1 单元格合并为一个单元格，计算平均分（＝（操作系统+数据库原理+软件结构）/3），小数位数保留 1 位。计算班级排名，保留整数。套用带标题行的 "表样式中等深浅 15" 的表格格式。学号第 4 位和第 5 位代表班级序号，即 01 为 "建一班"，02 为 "建工二班"。通过函数提取每个学生所在的班级，并按对应关系填写在 "班级" 列中。

	A	B	C	D	E	F	G	H
1	计算机专业成绩单							
2	姓名	学号	班级	操作系统	数据库原理	软件结构	平均分	班级排名
3	李泳明	20101001		93	87	89		
4	许晴	20101002		89	80	58		
5	张一伟	20102003		87	78	70		
6	余兰	20101004		85	79	55		
7	李春波	20102005		94	87	85		
8	王朝林	20102006		84	75	55		
9	李达	20102007		85	88	89		
10	杨 明	20102008		84	92	86		
11	李明扬	20101009		86	90	84		

图 9.4.1
"计算机成绩单" 工作表

2. 添加新工作表，命名为"身份证"，如图 9.4.2 所示。根据身份证号码，提取性别和出生日期。中华人民共和国国家标准 GB 11643-1999《公民身份号码》中规定：公民身份号码是特征组合码，由 17 位数字本体码和 1 位校验码组成。其中第 17 位，偶数代表性别为女，奇数代表性别为男。

	A	B	C	D
1	姓名	身份证号码	性别	出生日期
2	周伯通	429006201012035698		
3	杨过	513027201001245987		
4	郭靖	518027197801243548		
5	黄蓉	429006200902246989		

图 9.4.2
"身份证"工作表

【提示】

　　使用 MID 函数提取身份证号码第 17 位，再使用 MOD 函数取余数来判断奇偶性，最后使用 IF 确定性别，公式为 "=IF(MOD(MID(F5,17,1),2),"男","女")"。

9.5　思考与练习

1. 如何快速查询一个函数的功能及参数含义？
2. 函数和公式，在计算应用中有什么差异？

项目 10　Excel 数据分析和图表操作

10.1　项目要求和分析

微课 10-1
数据分析和图表
制作

1. 项目要求

对学生成绩进行基本分析后，根据学校奖学金评定规则，统计分析学生奖学金人员名单，并分析各班级学生成绩的分布情况、对比各班成绩、统计各班级相关信息等，进一步分析学生情况及学习效果。

2. 项目分析

① 使用 Excel 提供的排序、筛选和分类汇总等基本的数据管理功能，完成成绩的进一步查询操作。

② 使用 Excel 提供的数据分析工具进行简单的数据分析，绘制图表以方便地呈现。

10.2　实现步骤

学校奖学金评选规则如下。

● 学期所有科目成绩都及格。

● 平均分大于 85 分。

● 专业年级总分排名前 3。

1. 总分成绩排序

打开工作簿"Excel 项目 10.2 实验用.xlsx"，切换"期末成绩表-春期"为当前工作表。

单击"总分"列的任意单元格，在"数据"选项卡的"排序和筛选"选项组中，单击"降序"按钮 ，可对"总分"成绩降序排序。

2. 筛选所有科目都及格

所有科目都及格，即要求"全及格"字段值为"是"。操作步骤如下。

步骤 1：打开"期末成绩表-春期"工作表，选定任意单元格。

步骤 2：在"数据"选项卡的 "排序和筛选"功能组中，单击"筛选"按钮，这时第 1 行（标题行）所有单元格的右侧显示一个下拉箭头（即筛选箭头），单击字段"全及格"的筛选箭头，在下拉列表中选中"是"复选框，单击"确定"按钮，即筛选出所有科目都及格的学生信息。筛选结果如图 10.2.1 所示。

步骤 3：筛选平均分大于 85 分。

单击字段"平均分"的筛选箭头，在下拉列表中选择"数字筛选"→"大于"命令，在弹出的对话框中输入值 85，单击"确定"按钮，即可选出平均分必须高于 85 分的学生信息；用同样的方法筛选所有科目都及格的科目，即"全及格"为"是"。筛选结果如图 10.2.2 所示。

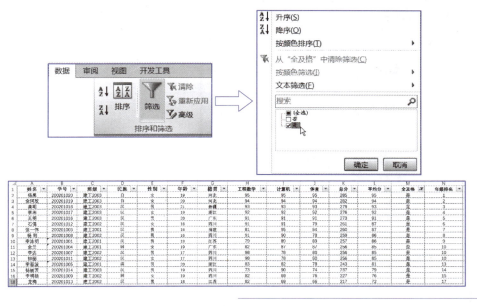

图 10.2.1
所有科目及格名单

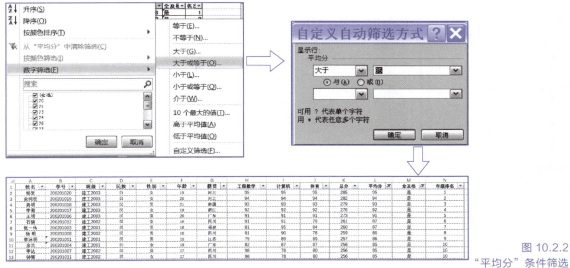

图 10.2.2
"平均分"条件筛选

3．确定奖学金名单

步骤 1：单击字段"年级排名"的筛选箭头，在下拉列表中选择"数字筛选"→"小于或等于"命令，在打开的"自定义自动筛选方式"对话框中输入值 3，单击"确定"按钮。

步骤 2：在当前工作簿中添加一张新工作表，重命名为"春期奖学金名单"，复制"姓名""学号""班级""平均分"和"年级排名"列的数据，如图 10.2.3 所示。

	A	B	C	D	E
1	姓名	学号	班级	平均分	年级排名
2	杨果	200201020	建工2003	95	1
3	余珂欣	200201019	建工2003	94	2
4	龚明	200201018	建工2003	93	3

图 10.2.3
春期奖学金名单

4．确定秋期奖学金名单

在当前工作簿中添加一张新工作表，重命名为"秋期奖学金名单"，用同样的操作方法，制作秋期奖学金名单。

5. 创建春期奖学金名单图表

步骤 1：选择创建图表的区域：单击"春期奖学金名单"工作表，选定姓名、学号、班级、平均分的单元格区域。

步骤 2：在"插入"选项卡的"图表"选项组中，单击右下角的对话框启动器按钮，打开"插入图表"对话框，如图 10.2.4 所示。

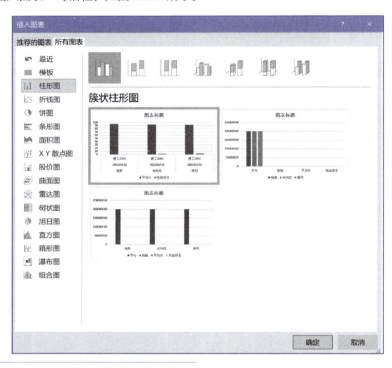

图 10.2.4
"插入图表"对话框

步骤 3：在对话框的"所有图表"选项卡中，选择"簇状柱形图"选项，创建图表，如图 10.2.5 所示。

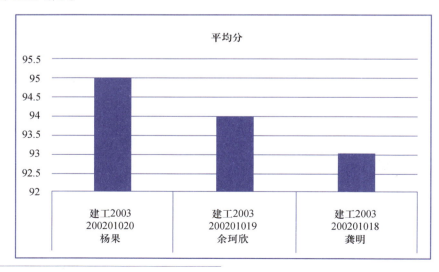

图 10.2.5
创建的图表

步骤4：单击图表，在"图表工具｜设计"选项卡的"图表样式"选项组中，使用"样式4"，修改图表标题。单击图表右上方的+号，在展开的列表中选择所需要的图表元素，效果如图10.2.6所示。

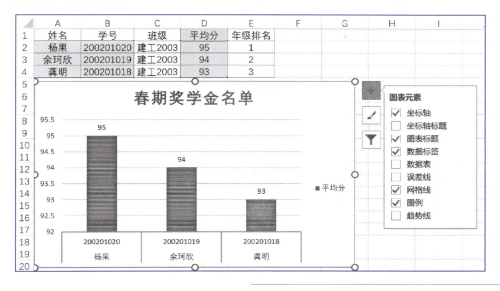

图 10.2.6
图表样式

6．创建秋期奖学金名单图表

单击"秋期奖学金名单"工作表，使用相同的方法创建图表。

7．复杂多条件查询成绩信息

筛选条件：工程数学和体育大于90分，计算机大于92分。

步骤1：在"期末成绩表-春期"工作表中，输入条件如图10.2.7所示，条件区域与数据之间至少留一个空行。

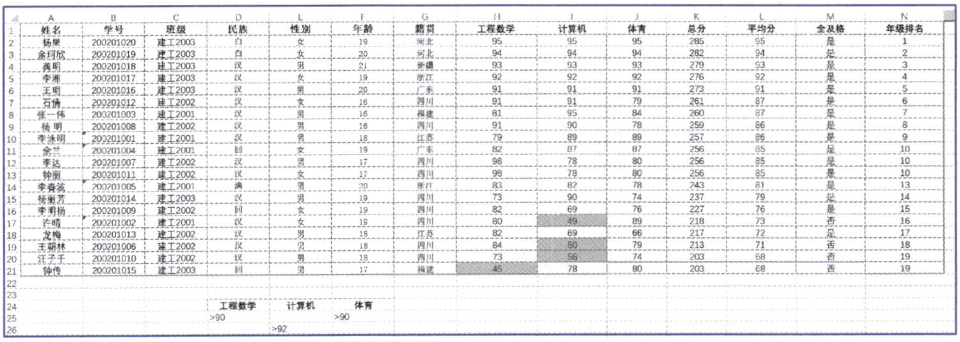

图 10.2.7
筛选条件

步骤2：在"数据"选项卡的"排序和筛选"选项组中，单击"高级"按钮，打开"高级筛选"对话框，如图10.2.8所示。

步骤3：选中"在原有区域显示筛选结果"单选按钮，在"列表区域"中选定$A$1:$N$21区域，在"条件区域"中选定，$D$24:$F$27，单击"确定"按钮，筛选结果如图 10.2.9所示。

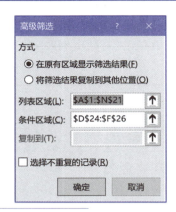

图 10.2.8
高级筛选对话框

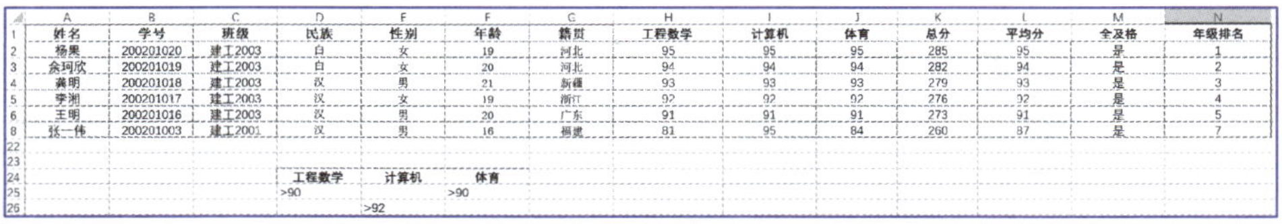

图 10.2.9
筛选结果

	A	B	C	D	F	F	G	H	I	J	K	L	M	N
1	姓名	学号	班级	民族	性别	年龄	籍贯	工程数学	计算机	体育	总分	平均分	全及格	年级排名
2	杨晶	200201020	建工2003	白	女	19	河北	95	95	95	285	95	是	1
3	余珂欣	200201019	建工2003	白	女	20	河北	94	94	94	282	94	是	2
4	满明	200201018	建工2003	汉	男	21	新疆	93	93	93	279	93	是	3
5	李涧	200201017	建工2003	汉	女	19	浙江	92	92	92	276	92	是	4
6	王明	200201016	建工2003	汉	男	20	广东	91	91	91	273	91	是	5
7	张一怀	200201003	建工2001	汉	男	16	福建	81	95	84	260	87	是	7
22														
23														
24				工程数学	计算机	体育								
25				>90		>90								
26					>92									

【提示】

在"数据"选项卡的"排序和筛选"选项组中，单击"清除"按钮，可以取消"高级筛选"，显示全部记录。

8.汇总各地区人数

按籍贯分类汇总各地区人数。

步骤 1：对籍贯进行排序操作。

步骤 2：在"数据"选项卡的"分级显示"选项组中，单击"分类汇总"按钮，打开"分类汇总"对话框，如图 10.2.10 所示，设置分类字段、汇总方式、选定汇总项等，单击"确定"按钮。

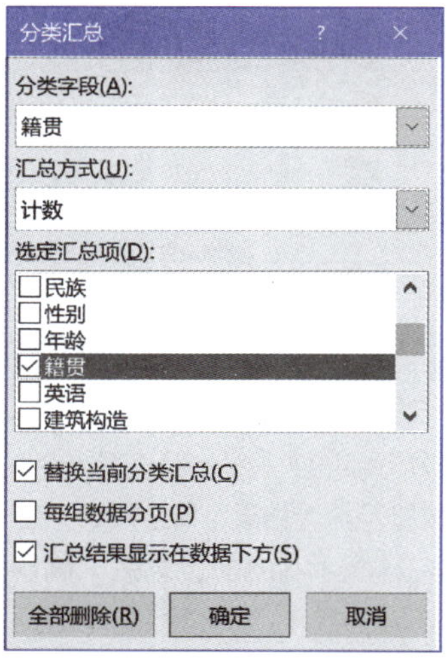

图 10.2.10
"分类汇总"对话框

步骤 3：在分级显示编号 1、2、3 中，单击级别编号 2，隐藏不需要的复杂明细数据，如图 10.2.11 所示。

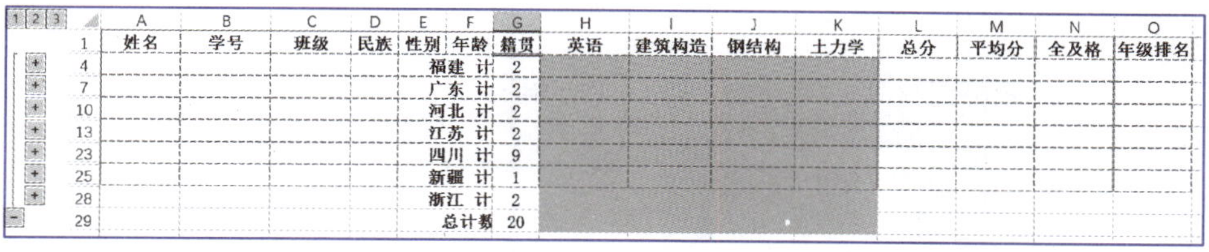

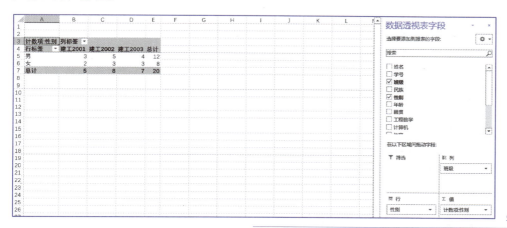

图 10.2.11
分类汇总结果

9. 汇总各班级男女生人数

按班级分别统计男女生人数，使用数据透视表完成。

单击"期末成绩表–春期"工作表，在"插入"选项卡的"表格"选项组中，单击"数据透视表"按钮，打开"创建数据透视表"任务窗格，如图 10.2.12 所示，添加行、列和 ∑ 值。

图 10.2.12
"数据透视表
字段"任务窗格

10. 扩展练习：数据透视表

在"家庭开支数据"工作表，如图 10.2.13 所示，创建数据透视表，分析每月的家庭开支总金额和每个项目类别的开支总金额，进行统计汇总分析。

	A	B	C
1	月份	类别	金额（元）
2	1	交通	¥174.00
3	1	日常	¥235.00
4	1	娱乐	¥175.00
5	2	交通	¥100.00
6	2	日常	¥115.00
7	2	娱乐	¥240.00
8	3	交通	¥90.00
9	3	日常	¥260.00
10	3	娱乐	¥380.00

图 10.2.13
"家庭开支数据"工作表

【注意】

创建数据透视表的源数据中不应有任何空行或列，它必须只有一行是行标题。

数据透视表可以进行自动和手动两种方法创建。

方法 1：快速创建。

步骤 1：单击"插入"选项卡"表格"选项组中的"推荐的数据透视表"按钮，弹出"推荐的数据透视表"对话框，如图 10.2.14 所示。

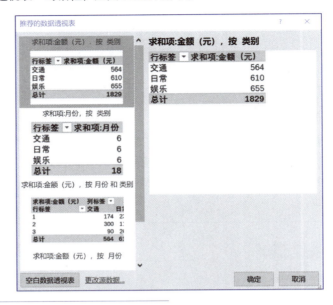

图 10.2.14
"推荐的数据透视表"对话框

步骤 2：在该对话框中，显示可以选择的数据透视表，直接单击"确定"按钮，即创建一张新工作表的数据透视表。

方法 2：手动创建数据透视表。

步骤 1：选择要创建数据透视表的单元格，单击包含数据的单元格区域内的一个单元格。

步骤 2：单击"插入"选项卡"表格"选项组中的"数据透视表"按钮，打开"创建数据透视表"对话框，如图 10.2.15 所示。

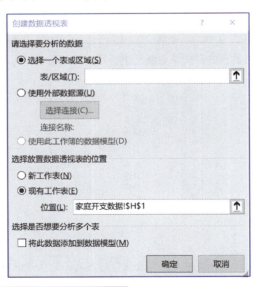

图 10.2.15
"创建数据透视表"对话框

步骤 3：在该对话框的"请选择要分析的数据"选项区域中选中"选择一个表或区域"单选按钮，这里选择 A1:C10 数据区域。

步骤 4：在"选择放置数据透视表的位置"选项区域中选中"现有工作表"单选按钮，这里选择 H1 单元格，确认将数据透视表放置在当前工作表以 H1 单元格为左上角的区域中；如果选中"新工作表"单选按钮，则放置在一张新工作表中。所以，可以创建嵌入式和独立式数据透视表。

步骤 5：单击"确定"按钮，在窗口右侧出现"数据透视表字段"任务窗格，如图 10.2.16 所示。

步骤 6：构建数据透视表。向数据透视表中添加字段，在"数据透视表字段"任务窗格中选中字段名称复选框，再将字段拖动到窗格下方对应的目标区域。

这里将"月份"字段拖动到"列"区域，将"类别"字段拖动到"行"区域，将"金额（元）"字段拖动到"值"区域，即创建好了数据透视表，如图 10.2.17 所示。

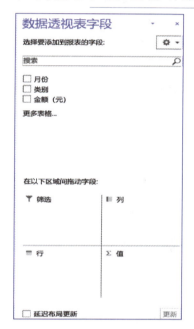

图 10.2.16
数据透视表字段列表

求和项:金额（元）	列标签			
行标签		1	2	3 总计
交通		174	100	90 364
日常		235	115	260 610
娱乐		175	240	380 795
总计		584	455	730 1769

图 10.2.17
数据透视表结果

【注意】

　　所选字段将添加至默认区域，即非数字字段添加到"行"，日期和时间层次结构添加到"列"，数值字段添加到"值"。

11．扩展练习：合并计算

如图 10.2.18 所示，对"主表"中的"销售量"进行合并计算。

主表			子表		合并计算		
	A	B	C		A	B		A	B	C
1	商品号	订单号	销售量	1	商品号	销售量	1	商品号	订单号	销售量
2	202001	A101		2	202001	100	2	202001	A101	100
3	202002	A102		3	202002	200	3	202002	A102	400
4	202003	B101		4	202003	100	4	202003	B101	200
5	202004	B101		5	202004	200	5	202004	B101	400

图 10.2.18
合并计算 1

操作步骤如下。

步骤 1：选定 C2 单元格为活动单元格。

步骤 2：在"数据"选项卡的"数据工具"选项组中，单击"合并计算"按钮，打开"合并计算"对话框，其中，设置"函数"为"求和"、设置"引用位置"，单击"确定"按钮，如图 10.2.19 所示。

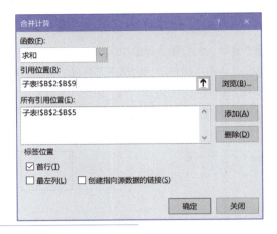

图 10.2.19
合并计算 2

12．扩展练习：宏的简单应用

（1）添加"开发工具"选项卡

录制宏的操作在"开发工具"选项卡中默认为隐藏，需要先启用。添加该选项卡的方法是：选择"文件"→"选项"命令，打开"Excel 选项"对话框，如图 10.2.20 所示，在左侧选择"自定义功能区"选项，在右侧区域中，选中"开发工具"复选框，单击"确定"按钮。

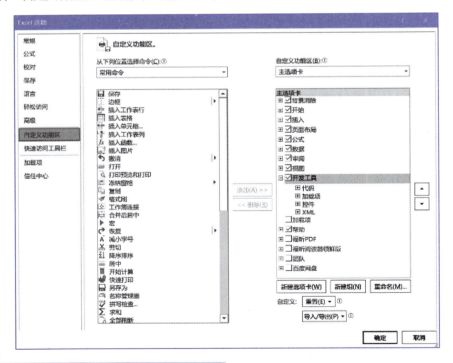

图 10.2.20
"Excel 选项"对话框

（2）录制宏

对选定区域中小于 60 的不及格数值设置为红色文本。可以创建并调用宏，以迅速将这些格式更改应用到选中的单元格。

步骤 1：在"开发工具"选项卡的"代码"选项组中，单击"录制宏"按钮，打开"录制宏"对话框，如图 10.2.21 所示。

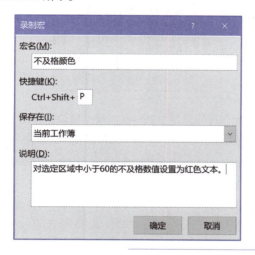

图 10.2.21
"录制宏"对话框

步骤 2：在"宏名"文本框中输入宏的名称，在"快捷键"文本框中输入快捷键，并在"说明"文本框中输入描述，然后单击"确定"按钮开始录制。

步骤 3：执行希望自动化的操作，这里选定成绩数据单元格区域，设置条件格式。

步骤 4：在"开发工具"选项卡中，单击"停止录制"按钮。

步骤 5：保存工作簿为启用宏的文件类型（*.xlsm）。

（3）运行宏

执行宏的步骤如下。

步骤 1：打开包含宏的工作簿。

步骤 2：在需要设置相同区域条件格式的工作表中，在"开发工具"选项卡的"代码"选项组中单击"宏"按钮，打开对话框。

步骤 3：在"宏名称"中，选中要运行的宏，单击"执行"按钮。

13. 扩展练习：数据分析工具应用

快速合并同类项，将相同部门的姓名都放在一个单元格中，如图 10.2.22 所示。

原始数据		合并同类项	
	A	B		A	B
1	部门	姓名		1	部门	姓名
2	人事处	李高		2	人事处	李天 李强 李高
3	财务处	杨镁妍		3	基础部	高明 陈天一 张明
4	基础部	张明		4	财务处	吴若雷 刘伟 杨镁妍
5	人事处	李强				
6	财务处	刘伟				
7	基础部	陈天一				
8	人事处	李天				
9	财务处	吴若雷				
10	基础部	高明				

图 10.2.22
合并同类项

操作步骤如下。

步骤 1：活动单元格选定到数据区域中，在"数据"选项卡的"获取与转换"选项组中，单击"从表格"按钮，打开"创建表"对话框，选中"表包含标题"复选框，如图 10.2.23 所示。

图 10.2.23
"创建表"对话框

步骤 2：单击"确定"按钮，弹出 Power Query 窗口，如图 10.2.24 所示，在"添加列"选项卡的"查询"选项组中，单击"索引列"按钮，为数据添加一个索引列。

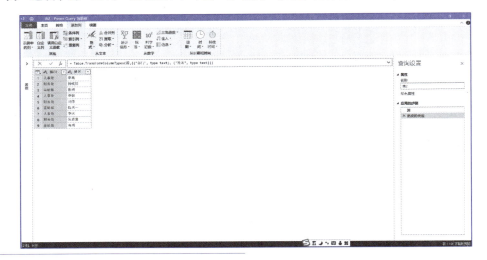

图 10.2.24
Power Query
编辑窗口

步骤 3：在"转换"选项卡的"表格"选项组中，单击"反转行"按钮；在"任意列"选项组中单击"透视表"按钮，在打开的"透视列"对话框中，设置"值列"为"姓名"，在"高级选项"中设置"聚合值函数"为"不要聚合"，如图 10.2.25 所示，单击"确定"按钮。

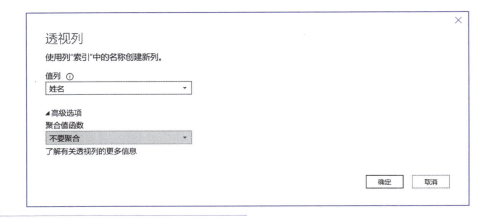

图 10.2.25
"透视列"对话框

步骤 4：按 Ctrl+A 组合键全选所有表格，然后按住 Ctrl 键在"部门"列中单击，选择除了"部门"列之外的所有列。在"文本列"选项组中单击"合并列"按钮，在打开的对话框中，将"分隔符"设置为空格（也可以选择其他分隔符，如逗号、冒号、分号等），将"新列名"设置为"姓名"，单击"确定"按钮，然后选择合并之后的列，单击"格式"按钮，在下拉列表中选择"修整"命令，删除数据首尾的所有空格。

步骤 5：在编辑窗口中，选择"文件"选项卡，选择"关闭并上载"命令，将数据加载入 Excel。

10.3 项目总结

Excel 对表格中数据提供完整的图表功能，可以通过不同的图表元素展现不同的需求。

10.4 项目拓展

新建工作簿文件"Excel 拓展练习_10.xlsx"，完成以下操作。

1. 新建工作表，命名为"工资"，如图 10.4.1 所示，计算个人工资的浮动额以及原来工资和浮动额的"总计"（保留 2 位小数），其计算公式是：浮动额=原来工资 × 浮动率。将工作表的第 1 行根据表格实际情况合并居中为一个单元格，设置表格合适的字体、字号。

	A	B	C	D
1	工资			
2	姓名	工资	浮动率	浮动额
3	王吉祥	5988	1%	
4	董成鹏	6795	2%	
5	王庆丽	7542	3%	

图 10.4.1
工资表

2. 创建新工作表，命名为"图表"，选择"姓名""工资""浮动额"3 列数据，建立"三维簇状柱形图"，图表标题为"工资浮动额"，图例显示姓名。

10.5 思考与练习

1. 打开素材文件夹中的"差旅报销.xlsx"，完成公司年度差旅报销，具体要求如下。

（1）在"费用报销管理"工作表中，在"日期"列的所有单元格中，标注每个报销日期属于星期几。例如，日期为"2020 年 1 月 20 日"的单元格应显示"2020 年 1 月 20 日星期一"，日期为"2020 年 1 月 21 日"的单元格应显示"2020 年 1 月 21 日星期二"。

（2）如果"日期"列中的日期为星期六或星期日，则在"是否加班"列的单元格中显示"是"，否则显示"否"（提示：使用函数 IF 和 WEEKDAY）。

（3）使用公式统计出差目的地的省份或直辖市，填写在"地区"列所对应的单元格中，如"北京市""四川省"（提示：使用函数 LEFT）。

（4）依据"费用类别编号"的内容，使用 VLOOKUP 函数，生成"费用类别"列内容。对照关系参考"费用类别"工作表。

（5）在"差旅成本分析报告"工作表的 B3 单元格中，统计 2020 年第二季度发生在四川省的差旅费用总金额（提示：使用函数 SUMIFS）。

（6）在"差旅成本分析报告"工作表的 B4 单元格中，统计 2020 年员工王力报销的火车票费用总额（提示：使用函数 SUMIFS）。

（7）在"差旅成本分析报告"工作表的 B5 单元格中，统计 2020 年差旅费用中，飞机票费用占所有报销费用的比例，并保留 2 位小数（提示：使用函数 SUMIF 和公式）。

（8）在"差旅成本分析报告"工作表的 B6 单元格中，统计 2020 年发生在周末（星期六和星期日）的酒店住宿总金额（提示：使用函数 SUMIFS）。

2．为学校宏观掌握学生学习情况，对年级 4 个建工专业教学班的期末成绩单制作成绩分析表，分析各班学习的整体情况。具体要求如下。

（1）打开素材文件夹中的"建工学生成绩.xlsx"，另存为"年级期末成绩分析.xlsx"，以下所有操作均在新工作簿中完成。

（2）在"2019 级建工"工作表最右侧依次插入"总分""平均分""年级排名"列；将工作表的第 1 行根据表格实际情况合并居中为一个单元格，并设置字体、字号，使其成为该工作表的标题。对其他区域套用带标题行的"表样式中等深浅 15"的表格格式。设置所有列的对齐方式为居中，其中"年级排名"为整数，其他成绩的数值保留 1 位小数。

（3）在"2019 级建工"工作表中，利用公式分别计算"总分""平均分""年级排名"列的值。对学生成绩不及格（小于 60）的单元格套用格式突出显示为"黄色（标准色）填充色红色（标准色）文本"。

（4）在"2019 级建工"工作表中，利用公式，根据学生的学号，将其班级名称填入"班级"列，规则为：学号的第 3 位为专业代码、第 4 位为班级序号，即 01 为"建工一班"，02 为"建工二班"，03 为"建工三班"，04 为"建工四班"（提示：使用函数 IF 和 MID）。

（5）根据"2019 级建工"工作表，创建一个数据透视表，新工作表名为"班级平均分"，工作表标签颜色设置为红色。要求数据透视表中按照英语、体育、计算机、建筑施工、力学基础、马列、高等数学、钢结构、施工图识图的顺序统计各班各科成绩的平均分，其中行标签为班级。数据透视表格内容套用带标题行的"数据透视表样式中等深浅 10"的表格格式，所有列的对齐方式设为居中，成绩的数值保留 1 位小数。

（6）在"班级平均分"工作表中，针对各课程的班级平均分，创建二维的簇状柱形图，其中水平簇标签为班级，图例项为课程名称，并将图表放置在表格下方的 A10:H30 区域中。

项目 11 PowerPoint 基本应用——制作语文课件

11.1　项目要求和分析

1. 项目要求

随着计算机、投影仪等多媒体教学设备的普及，越来越多的教师、销售人员、项目策划者等开始使用这些数字化设备向观众提供板书、讲义等内容，通过声、光、电等多种表现形式加强教学、产品、策划等的趣味性，提高观众的兴趣。本项目结合所学的 PowerPoint 知识，根据所给的素材，制作语文课件。建立包含 9 张幻灯片的演示文稿"扁鹊见蔡桓公.pptx"，如图 11.1.1 所示。

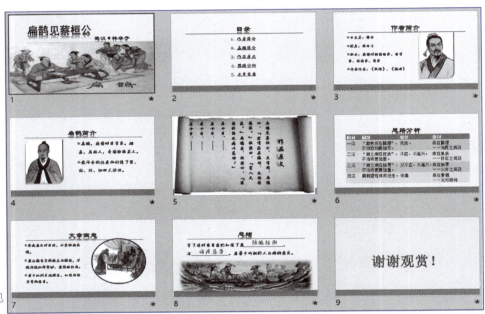

图 11.1.1
演示文稿"扁鹊见蔡桓公.pptx"

2. 项目分析

本项目包含的知识点如下。

① PowerPoint 2016 的启动和退出。

② 幻灯片的创建、复制、粘贴、移动、放映和保存等。

③ 使用幻灯片版式添加文本，对文本进行格式化。

④ 项目符号和编号的设置。

⑤ 在幻灯片中添加文本框。

⑥ 幻灯片中图片、表格、艺术字等对象的添加及编辑。

⑦ 在演示文稿中使用主题。

⑧ 幻灯片母版的修改。

⑨ 幻灯片动画和幻灯片切换效果的设置。

⑩ 超链接的创建与编辑。

1. 基本操作

（1）新建演示文稿文件

启动 PowerPoint 2016，创建一个新的空白演示文稿"演示文稿 1.pptx"，如图 11.2.1 所示。

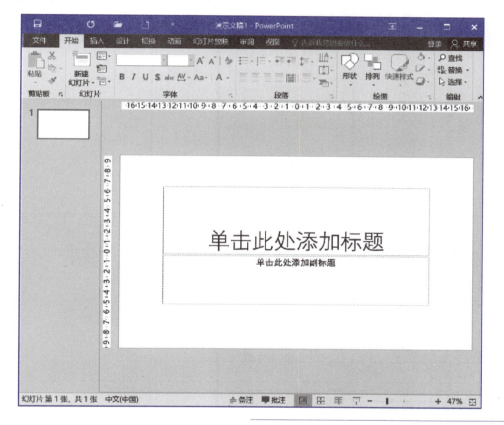

图 11.2.1
新建的空白
演示文稿

（2）新建幻灯片

步骤 1：在"开始"选项卡的"幻灯片"选项组中，单击"新建幻灯片"按钮，可直接创建一张默认版式的幻灯片；或者单击"新建幻灯片"下拉按钮，在下拉框中选择一种版式幻灯片，如图 11.2.2 所示。

【提示】

选中"幻灯片浏览"窗格中的一张幻灯片并右击，在弹出的快捷菜单中选择"新建幻灯片"命令，也可在选择幻灯片之后插入一张与选择幻灯片相同版式的新幻灯片。还可以直接按 Ctrl+M 组合键创建相同版式的新幻灯片。

步骤 2：使用以上任意一种方法，连续插入 7 张新幻灯片，各版式的幻灯片如图 11.2.3 所示。

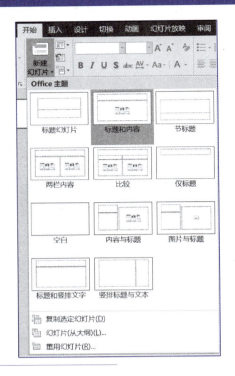

图 11.2.2
选择新幻灯片

图 11.2.3
新建不同版式的
空白幻灯片

（3）输入文本

　　步骤 1：选择第 1 张幻灯片，在幻灯片编辑区域会看到"单击此处添加标题"和"单击此处添加副标题"占位符。

　　步骤 2：单击第 1 张幻灯片中的"单击此处添加标题"占位符，鼠标指针变成输入状态，输入 2 行文本"扁鹊见蔡桓公"和"蜀汉·韩非子"，如图 11.2.4 所示。

图 11.2.4
在第 1 张幻灯片中输入内容

步骤3：单击"单击此处添加副标题"占位符边框，按 Delete 键，删除该占位符。

【提示】

  对于没有输入内容的占位符也可不用删除，因为在"幻灯片放映"方式下，不会显示该占位符，默认情况下占位符没有边框。

步骤4：采用同样的方法，对第2～7张幻灯片添加文本内容，如图11.2.5所示。

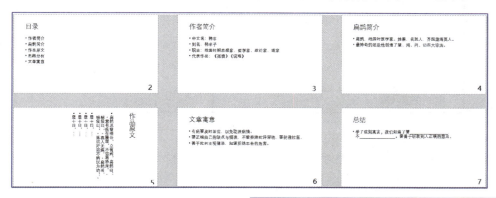

图 11.2.5
添加第 2～7 张
幻灯片的内容

（4）通过添加文本框输入文字

步骤1：在"幻灯片浏览"窗格中单击第7张幻灯片，选择"插入"选项卡，在"文本"选项组中单击"文本框"下拉按钮，在下拉框中选择"横排文本框"命令，如图11.2.6所示。

步骤2：然后将鼠标指针移至幻灯片中，在适当位置按住鼠标左键并拖动，绘制一个横排文本框。

步骤3：在文本框中输入文字"防微杜渐"，如图11.2.7所示。

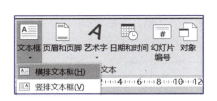

图 11.2.6
选择"横排
文本框"命令

图 11.2.7
创建横排文本框
并调整位置

步骤4：采用同样的方法创建一个横排文本框，输入文字"讳疾忌医"。

【提示】

  在绘制的文本框中输入文字时，系统不会自动换行，用户可以拖动文本框的控点来缩小文本框的宽度，此时文字会自动换行。

（5）添加项目符号和编号

步骤1：在"幻灯片浏览"窗格中单击第2张幻灯片。

步骤2：选择"内容"占位符中的所有文本，选择"开始"选项卡，在"段落"选项组中单击"编号"下拉按钮，在下拉框中选择一种编号，如图11.2.8所示，即可对选中文本添加编号，如图 11.2.9 所示。

图 11.2.8
选择编号

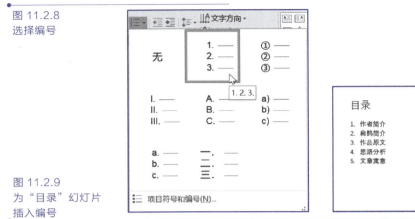

图 11.2.9
为"目录"幻灯片
插入编号

步骤 3：采用同样的方法，分别打开第 3、4、6 张幻灯片，分别选中"内容"占位符中的文本，选择"开始"选项卡，在"段落"选项组中单击"项目符号"下拉按钮，在下拉框中选择符号●，即可对选中文本添加新的项目符号，如图 11.2.10 所示。

图 11.2.10
为第 3、4、6 张
幻灯片添加项目
符号

步骤 4：选择第 5、7 张幻灯片，分别选中"内容"占位符中的文本，选择"开始"选项卡，在"段落"选项组中单击"符号"下拉按钮，在下拉框中选择"无"选项，取消所选文本的项目符号。

（6）文字格式设置

步骤 1：选择第 1 张幻灯片，选择"标题"占位符中的文本"扁鹊见蔡桓公"，选择"开始"选项卡，在"字体"选项组中将文本设置为黑体、72 磅，加粗格式；选择文本"蜀汉·韩非子"，设置为 40 磅，在文本前添加空格，效果如图 11.2.11 所示。

图 11.2.11
第 1 张幻灯片的文本格式

步骤 2：选择第 2 张幻灯片，选择"内容"占位符中的所有文本，选择"开始"选项卡，单击"段落"选项组右下角的对话框启动器按钮，打开"段落"对话框，设置对齐方式为"居中"、段前间距为"7.68 磅"、多倍行距为"1.45"，如图 11.2.12 所示。

步骤 3：选择第 5 张幻灯片，分别选择"标题"和"内容"占位符中的所有文本，将文本设置为华文行楷，幻灯片文本格式如图 11.2.13 所示。

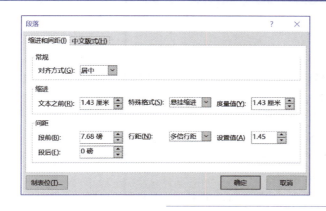

图 11.2.12
设置段落格式

图 11.2.13
第 5 张幻灯片文本格式

（7）演示文稿的保存与播放

在"幻灯片放映"选项卡的"开始放映幻灯片"选项组中单击"从头开始"按钮，即可播放演示文稿。

在 PowerPoint 中完成了对演示文稿的基本编辑后需要进行保存，以免意外丢失文件。选择"文件"选项卡，选择"保存"命令，在展开的面板中单击"浏览"按钮，打开"另存为"对话框，选择文件保存的位置"E:\作业"，在"文件名"文本框中输入"扁鹊见蔡桓公（班级+姓名）.pptx"，单击"保存"按钮，如图 11.2.14 所示。

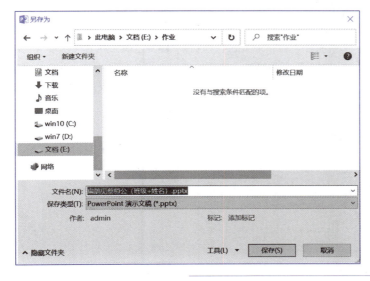

图 11.2.14
保存演示文稿文件

2．版面元素添加

（1）在标题幻灯片中插入图片及编辑图片

步骤 1：选择第 1 张幻灯片，选择"插入"选项卡，单击"图像"选项组中的"图片"按钮，打开"插入图片"对话框，在本地磁盘中选择图片"扁鹊 1.jpg"，单击"插入"按钮，插入一张图片，如图 11.2.15 所示。

步骤 2：对图片"扁鹊 1.jpg"进行裁剪。选择"图片工具 | 格式"选项卡，单击"大小"选项组中的"裁剪"按钮，将图片左边缘多余的黑边裁剪掉，然后再次单击"裁剪"按钮，取消裁剪操作。

步骤 3：对图片"扁鹊 1.jpg"进行大小和位置的调整。选择图片后，单击任意一个控点，然后按住鼠标左键并拖动，将图片放大至合适大小。将图片拖动到幻灯片下方，将图片调整为如图 11.2.16 所示的大小和位置。

图 11.2.15
在第 1 张幻灯中
插入图片

图 11.2.16
第 1 张幻灯片
效果图

步骤 4：选择"标题"占位符调整位置。使用鼠标左键按住"标题"占位符的边框（此时鼠标指针呈一个四向十字指针形状），将占位符拖动到幻灯片顶端合适的位置，如图 10.2.16 所示。

（2）更改第 3 张幻灯片的版式，并插入和修改图片

步骤 1：选择第 3 张幻灯片，选择"开始"选项卡，在"幻灯片"选项组中单击"版式"下拉按钮，在下拉框中选择"两栏内容"版式，更改幻灯片打开的原有版式，如图 11.2.17 所示。

步骤 2：单击右侧"内容"占位符中的"图片"按钮，打开"插入图片"对话框，在本地磁盘中选择图片"韩非子 1.jpg"，单击"插入"按钮，插入一张图片。

步骤 3：选中图片"韩非子 1.jpg"，选择"图片工具 | 格式"选项卡，单击"图片样式"选项组中的"其他"下拉按钮，在下拉框中选择"圆形对角，白色"选项，再在"图片样式"选项组的"图片效果"下拉框中选择"棱台"→"艺术装饰"选项，幻灯片效果如图 11.2.18 所示。

图 11.2.17
更改幻灯片版式

图 11.2.18
第 3 张幻灯片
效果图

（3）更改第 4 张幻灯片的版式，并插入和修改图片

选择第 4 张幻灯片，更改幻灯片的版式为"两栏内容"版式，先将左侧内容占位符中的文本移到右侧内容占位符中，然后在左侧占位符中插入图片"扁鹊 2.jpg"，并修改图片样式为"圆形对角，白色"、图片效果为"艺术装饰"，幻灯片效果如图 11.2.19 所示。

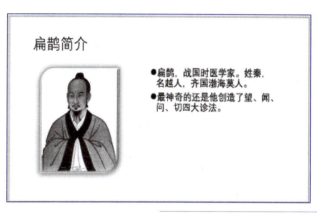

图 11.2.19
第 4 张幻灯片效果图

（4）在第 5 张幻灯片中插入和编辑图片

步骤 1：选择第 5 张幻灯片，选择"插入"选项卡，单击"图像"选项组中的"图片"按钮，打开"插入图片"对话框，在本地磁盘中选择图片"卷轴 1.jpg"，单击"插入"按钮，插入图片。

步骤 2：修改图片格式。首先调整图片的大小及位置，然后选择"图片工具 | 格式"选项卡，单击"排列"选项组中的"下移一层"下拉按钮，在下拉框中选择"置于底层"命令。同时单击"排列"选项组中的"对齐"下拉按钮，在下拉框中选择"水平居中"和"垂直居中"命令，幻灯片效果如图 11.2.20 所示。

图 11.2.20
第 5 张幻灯片效果图

（5）更改第 6 张幻灯片的版式，并插入和修改图片

选择第 6 张幻灯片，更改幻灯片的版式为"两栏内容"，在右侧占位符中插入图片"扁鹊见蔡桓公 1.jpg"，并修改图片样式为"棱台形椭圆，黑色"，幻灯片效果如图 11.2.21 所示。

图 11.2.21
第 6 张幻灯片效果图

（6）在第 7 张幻灯片中插入和修改图片

步骤 1：选择第 7 张幻灯片，插入图片"扁鹊见蔡桓公 2.jpg"。

步骤 2：修改图片。首先调整图片的大小及位置，然后选择"图片工具｜格式"选项卡，单击"图片样式"选项组中的"其他"下拉按钮，在下拉框中选择"柔化边缘矩形"效果；在"图片样式"选项组中单击"图片效果"下拉按钮，在下拉框中选择"柔滑边缘"→"25 磅"选项，得到如图 11.2.22 所示的幻灯片。

图 11.2.22
第 7 张幻灯片效果图

（7）插入和编辑表格

步骤 1：在第 5 张和第 6 张幻灯片之间插入一张新幻灯片。选择第 5 张幻灯片，选择"开始"选项卡，单击"幻灯片"选项组中"新建幻灯片"下拉按钮，在下拉框中选择"标题和内容"版式，即可在第 5 张幻灯片后新建一张幻灯片。

步骤 2：选择新建的幻灯片，在"标题"占位符中输入文本"思路分析"。

步骤 3：选择"内容"占位符，在占位符中单击"插入表格"按钮，在打开的"插入表格"对话框中创建 5 行 4 列的表格，单击"确定"按钮，即可在"内容"占位符中创建了一个 5 行 4 列的表格。

步骤 4：在表格中输入内容。

步骤 5：选中整个表格，选择"开始"选项卡，在"字体"选项组中将表格中的文字设置为宋体、28 磅。

步骤 6：将鼠标指针移动到表格中的垂直网格线上，当鼠标指针变为两向箭头时按住鼠标左键拖动，调整表格的列宽，效果如图 11.2.23 所示。

（8）添加艺术字

步骤 1：在第 8 张幻灯片后插入一张"空白"版式的新幻灯片。

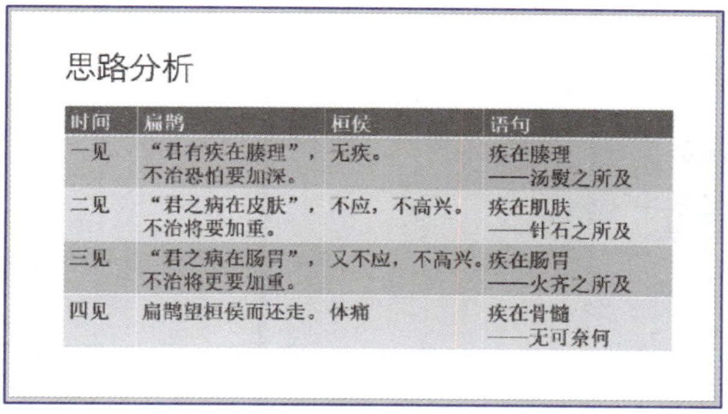

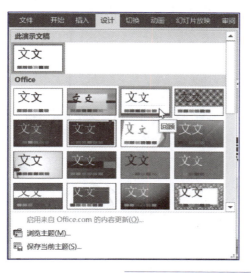

图 11.2.23
"思路分析"幻灯片
效果图

步骤 2：选择第 9 张幻灯片，选择"插入"选项卡，单击"文本"选项组中的"艺术字"下拉按钮，在下拉框中选择"填充—橙色，着色 2，轮廓—着色 2"艺术字样式，在幻灯片中插入艺术字文本框。

步骤 3：删除文本框中的提示文字后，在其中输入"谢谢观赏！"，将文字格式设置为 96 磅、宋体、加粗。

步骤 4：选择"格式"选项卡，在"艺术字样式"选项组中单击"文本填充"下拉按钮，在下拉框中选择"纹理"→"深色木质"选项，得到如图 11.2.24 所示的幻灯片。

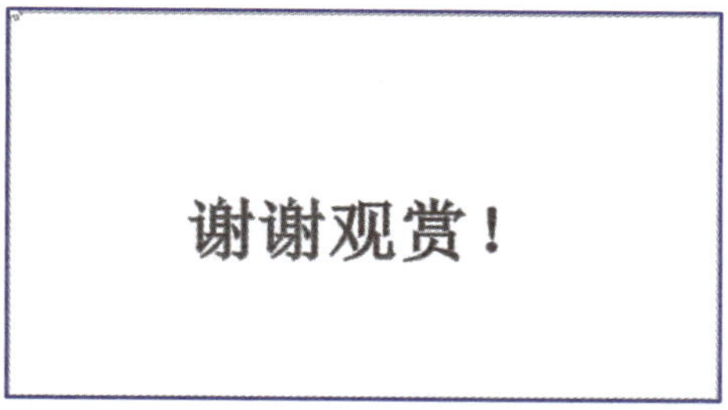

谢谢观赏！

图 11.2.24
最后一张幻灯片
效果图

（9）演示文稿的保存

在"文件"选项卡中选择"保存"命令，保存演示文稿。

3．演示文稿风格设计

（1）应用幻灯片主题

步骤 1：选择"设计"选项卡，在"主题"选项组中单击"其他"下拉按钮，在下拉框的所有主题列表中选择"回顾"主题，如图 11.2.25 所示，此时所有幻灯片的效果如图 11.2.26 所示。

微课 11-1
演示文稿的
风格设计

图 11.2.25
选择幻灯片主题

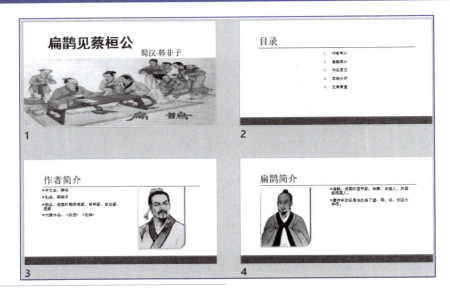

图 11.2.26
应用主题后的
幻灯片效果

步骤 2：选择"设计"选项卡，单击"变体"选项组中的"其他"下拉按钮，在下拉框中选择"颜色"→"纸张"选项，此时所有幻灯片的配色效果发生改变。

步骤 3：选择"设计"选项卡，单击"变体"选项组中的"其他"下拉按钮，在下拉框中选择"字体"→Georgia 选项，此时所有幻灯片中的字体效果发生改变。

图 11.2.27
单击"幻灯片母版"
按钮

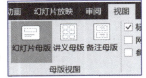

（2）设置幻灯片母版

步骤 1：选择"视图"选项卡，单击"母版视图"选项组中的"幻灯片母版"按钮，如图 11.2.27 所示，进入"幻灯片母版"视图，如图 11.2.28 所示。

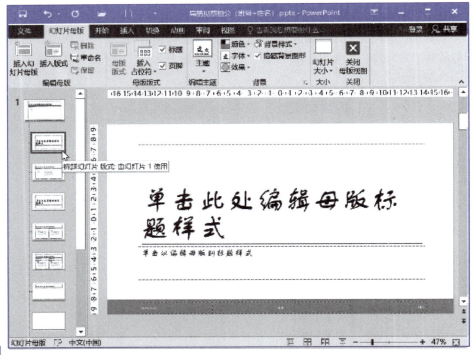

图 11.2.28
"幻灯片母版"视图

步骤 2：在"幻灯片母版"视图中，在左侧窗格中选择第一张母版"回顾 幻灯片母版：由幻灯片 1-9 使用"，在幻灯片编辑区域选中母版占位符中的标题内容"单击此处编辑母版标题样式"，回顾幻灯片母版如图 11.2.29 所示。选择"格式"选项卡，在"艺术字样式"选项组中单击"其他"下拉按钮，在下拉框中选择"填充—金色，着色 3，锋利棱台"选项，然后通过"开始"选项卡将标题文字设置为隶书、48 磅、水平居中；选择"格式"选项卡，单击"艺术字样式"选项组中的"文本填充"下拉按钮，在下拉框中选择"标准色"→"深红"选项，单击"文字效果"下拉按钮，在下拉框中选择"映像"→"紧密映像，接触"选项，效果如图 11.2.30 所示。

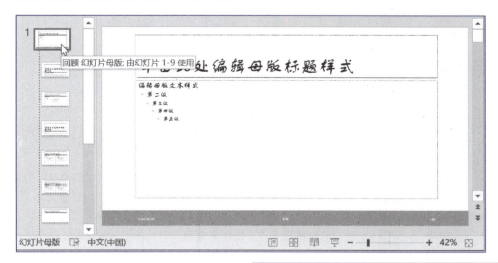

图 11.2.29
"回顾 幻灯片母版"

图 11.2.30
母版标题样式

在幻灯片编辑区域，选择母版内容占位符中的文本"编辑母版文本样式"，设置为 32 磅、加粗、1.5 倍行距。

步骤 3：在左侧窗格中选择"标题幻灯片版式：由幻灯片 1 使用"母版，在幻灯片编辑区域选中占位符中主标题内容，选择"绘图工具 | 格式"选项卡，单击"艺术字样式"选项组中的"文本填充"下拉按钮，在下拉框中选择"标准色"→"深红"样式。

微课 11-2
演示文稿的动画设计（添加超链接）

步骤 4：在左侧窗格中选择第 1 张幻灯片母版，选择"幻灯片母版"选项卡，单击"背景"选项组中的"背景样式"下拉按钮，在下拉框中选择"样式 6"选项。

（3）退出母版设置

选择"幻灯片母版"选项卡，在"关闭"选项组中单击"关闭母版视图"按钮，退出母版设置。选择"文件"选项卡，选择"保存"命令对演示文稿进行保存。

4．演示文稿动画设计

（1）添加超链接

步骤 1：打开第 2 张幻灯片，选择文本"1.作者简介"，选择"插入"选项卡，在"链接"选项组中单击"链接"按钮,打开"插入超链接"对话框,如图 11.2.31 所示。

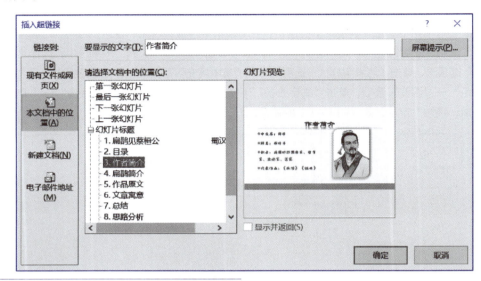

图 11.2.31
"插入超链接"
对话框

步骤 2:在对话框中选择"本文档中的位置"选项,在"请选择文档中的位置"列表框中选择要超链接到的幻灯片"3.作者简介",单击"确定"按钮,即可对目录文本"1.作者简介"建立一个超链接。

步骤 3:采用以上方法,分别选择目录文本中剩余的 5 项内容,分别建立其对应的超链接。

(2)添加幻灯片内部动画

微课 11-3
演示文稿的动画设计(1 添加幻灯片内部动画)

步骤 1:选择第 1 张幻灯片,选择幻灯片中的标题文本"扁鹊见蔡桓公　蜀汉·韩非子",选择"动画"选项卡,在"动画"选项组中单击"其他"下拉按钮,在下拉框中选择"强调"→"波浪形"动画,如图 11.2.32 所示。

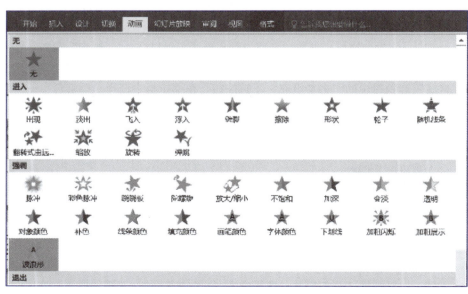

图 11.2.32
选择"波浪形"
动画

选择"动画"选项卡，在"高级动画"选项组中单击"动画窗格"按钮，在窗口右侧打开"动画窗格"任务窗格，单击第 1 个动画的下拉按钮，在下拉框中选择"效果选项"命令，如图 11.2.33 所示，打开"波浪形"对话框。

在该对话框中选择"计时"选项卡，设置"开始"为"与上一动画同时"、"延迟"为 0.4 秒、"期间"为"快速（1 秒）"、"重复"为"直到下一次单击"，如图 11.2.34 所示，单击"确定"按钮，预览其效果。

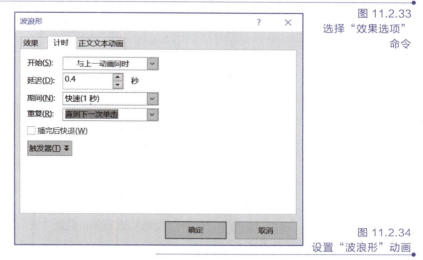

图 11.2.33
选择"效果选项"
命令

图 11.2.34
设置"波浪形"动画

步骤 2：选择第 2 张幻灯片，选择其中的标题文本"目录"。选择"动画"选项卡，在"动画"选项组中单击"其他"下拉按钮，在下拉框中选择"进入"→"劈裂"动画。在"动画窗格"任务窗格中，单击第 1 个动画的下拉按钮，在下拉框中选择"效果选项"命令，打开"劈裂"对话框。

在该对话框中，选择"效果"选项卡，设置"声音"为"爆炸"，如图 11.2.35 所示。选择"计时"选项卡，设置"开始"为"单击时"、"期间"为"中速（2 秒）"，如图 11.2.36所示。

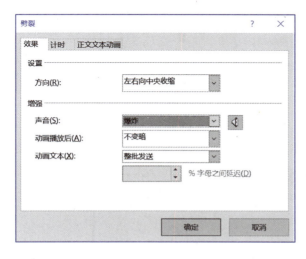

图 11.2.35
劈裂动画"效果"设置

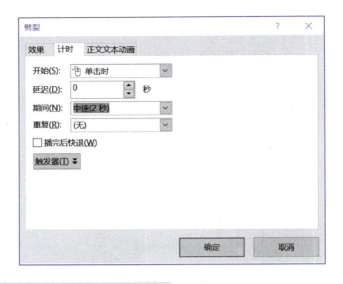

图 11.2.36
劈裂动画"计时"设置

　　步骤 3：选择第 2 张幻灯片中的目录文本内容，添加"进入"→"飞入"动画，然后在"动画窗格"任务窗格中，单击第 2 个动画的下拉按钮，在下拉框中选择"效果选项"命令，打开"飞入"对话框。

　　在该对话框中，选择"效果"选项卡，设置"方向"为"自左侧"、"声音"为"风声"、"动画文本"为"整批发送"，如图 11.2.37 所示。选择"计时"选项卡，设置"开始"为"单击时"、"期间"为"中速（2 秒）"，如图 11.2.38 所示。

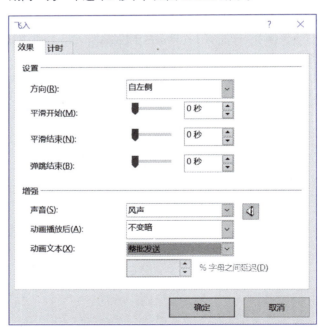

图 11.2.37
飞入动画"效果"设置

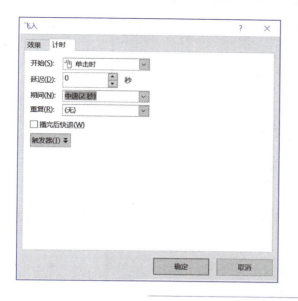

图 11.2.38
飞入动画"计时"设置

步骤 4：复制动画格式。选择第 2 张幻灯片中的标题内容，选择"动画"选项卡，在"高级动画"选项组中单击"动画刷"按钮，如图 11.2.39 所示，此时鼠标指针呈刷子形状，且复制了该标题文本的动画格式，然后选择第 3 张幻灯片，单击第 3 张幻灯片的标题，即可为该标题粘贴与第 2 张幻灯片标题相同的动画格式。

图 11.2.39
"动画刷"按钮

步骤 5：采用相同的方法，将第 4~8 张幻灯片的标题动画设置为与第 2 张幻灯片标题相同的动画格式。

步骤 6：选择第 2 张幻灯片的内容文本，单击"动画刷"按钮，将该动画格式分别粘贴到第 3、4、6、7、8 张幻灯片的内容文本中。

【提示】

要重复复制相同的动画格式，可先选中要复制的格式，在"动画刷"按钮上双击，然后依次单击要使用相同动画的对象，即可多次将动画格式粘贴于其他对象。要取消动画刷的应用，再次单击"动画刷"按钮即可。

步骤 7：选择第 5 张幻灯片中的文本内容，添加"进入"→"浮入"动画，在"动画窗格"任务窗格中，单击第 2 个动画的下拉按钮，在下拉框中选择"效果选项"命令，打开"上浮"对话框。

在该对话框中，选择"效果"选项卡，设置"声音"为"打字机"、"动画文本"为"按字母"、"字母之间延迟"为 30%，如图 11.2.40 所示。选择"计时"选项卡，设置"开始"为"单击时"、"期间"为"快速（1 秒）"，如图 11.2.41 所示。

微课 11-4
演示文稿的动画设计（2 添加特殊幻灯片内部动画）

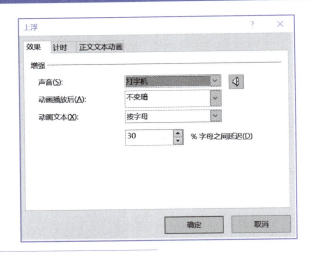

图 11.2.40
上浮动画"效果"设置

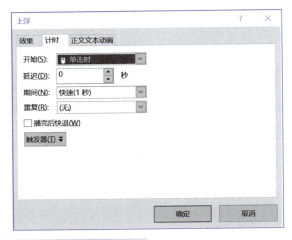

图 11.2.41
上浮动画"计时"设置

步骤 8：选择第 3 张幻灯片中的图片，将图片的动画效果设置为"进入"→"翻转式由远及近"效果，设置动画声音为"风声"。

步骤 9：采用同样的方法，将第 4、7、8、9 张幻灯片中的图片或艺术字的动画设置为与第 3 张幻灯片中图片相同的动画效果，即"翻转式由远及近"的进入效果，声音为"风声"。也可使用"动画刷"进行复制动画。

步骤 10：选择第 8 张幻灯片，选择占位符中的文本"学了这……意见。"，设置"自左侧"→"飞入"动画。

分别选择文本框中的文本"防微杜渐"和"讳疾忌医"，设置为 44 磅、红色，将文本的动画效果分别设置为"进入"→"飞入"效果。

（3）制作幻灯片间动画

步骤 1：选中第 1 张幻灯片，选择"切换"选项卡，在"切换到此幻灯片"选项组中单击"其他"下拉按钮，在下拉框中选择"华丽型"→"涟漪"选项，如图 11.2.42 所示。

同时在"切换"选项卡的"计时"选项组中设置"声音"为推动、"持续时间"为 3 秒，如图 11.2.43 所示。

微课 11-5
制作幻灯片间动画

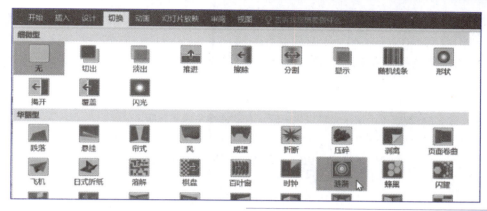

图 11.2.42
选择"涟漪"选项

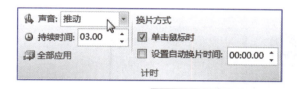

图 11.2.43
设置持续时间

步骤 2：在"幻灯片浏览"窗格中，同时选中第 2～9 张幻灯片，选择"切换"选项卡，在"切换到此幻灯片"选项组中单击"其他"下拉按钮，在下拉框中选择"动态内容"→"传送带"切换效果，如图 11.2.44 所示。同时在"切换"选项卡中，设置"声音"为疾驰、"持续时间"为 1.6 秒。

图 11.2.44
切换效果设置

（4）预览幻灯片并修改动画效果

步骤 1：选择"幻灯片放映"选项卡，在"开始放映幻灯片"选项组中单击"从头开始"按钮，预览制作的动画效果。

步骤 2：通过鼠标单击来切换下一个动画。

步骤 3：如果有需要调整的动画，可按 Esc 键退出幻灯片的放映视图，重新进入幻灯片的普通视图，选择需要修改的幻灯片进行调整。

步骤 4：反复执行步骤 1～步骤 3，使幻灯片的动画达到最佳效果。

（5）保存演示文稿

在"文件"选项卡中选择"保存"命令，保存演示文稿。

11.3 项目总结

本项目主要应用 PowerPoint 制作具有基本演示功能的演示文稿。其主要操作包括幻灯片中文字、段落等格式的设置，艺术字、表格、图片的处理，使用幻灯片主题和母版统一演示文稿的整体格式，使用超链接、幻灯片内动画和幻灯片间切换增强幻灯片的动态演示效果。

① 对于幻灯片的制作，在掌握基本操作之后，依照基本流程，融入想法和创意，可以制作出精美的动画效果。可以按照以下流程制作：列出提纲→将提纲写到幻灯片中→根据提纲添加内容→选择合适的母版→美化幻灯片→添加动画和切换效果→放映→检查修改。

② 在幻灯片中添加内容时尽量使用幻灯片版式。

③ 尽量做到整个演示文稿风格一致，合理使用主题和母版。

④ 字体与背景分离鲜明，配色要柔和。

⑤ 幻灯片内容只是提要，切忌详细。幻灯片中的文字尽量简练，少而精，多用图片进行描述说明。

⑥ 合理使用动画效果，动画设置应适量、适当、适度，使用"动画刷"可复制、粘贴相同的动画。

11.4　项目拓展

1. 根据模板来创建演示文稿

除了使用通用型的空白演示文稿来建立演示文稿外，在网络环境下，PowerPoint 2016 提供了极为丰富的模板，如教育、业务、行业、旅行、项目、销售等特定功能的模板，借助这些模板，用户可以创建已有格式的演示文稿。以"毕业答辩"演示文稿为例，使用模板来建立演示文稿，操作如下。

步骤 1：选择"文件"选项卡中的"新建"命令，打开新建设置区域。

步骤 2：在新建设置区域中，在"搜索联机模板和主题"文本框中输入关键字"毕业答辩"，单击"开始搜索"按钮或按 Enter 键，如图 11.4.1 所示。

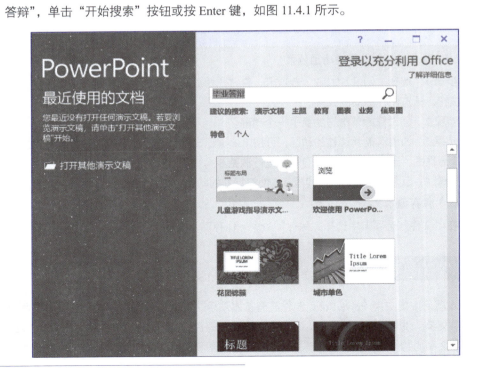

图 11.4.1
搜索"毕业答辩"
相关模板

步骤 3：在网络中搜索的结果列表如图 11.4.2 所示，选择需要的模板"毕业答辩，多彩图书"，在弹出的面板中单击"下载"按钮。

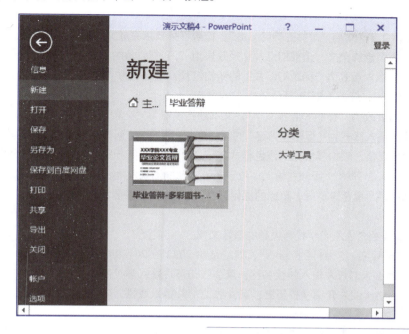

图 11.4.2
"毕业答辩"相关模板

步骤 4：此时，一个根据模板建立的演示文稿便创建完成。模板本身已经创建好演示文稿的所有格式（包括动画等），用户只需根据需要输入相应内容即可，也可以在原来模板的基础上美化幻灯片或重新设置动画等，"毕业答辩，多彩图书"模板如图 11.4.3 所示。

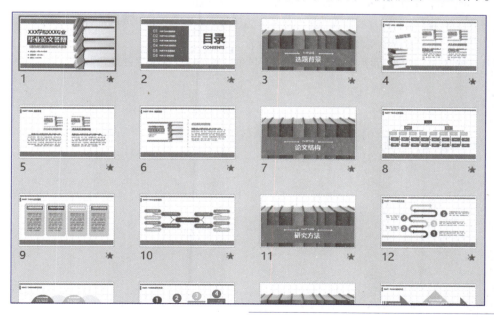

图 11.4.3
"毕业答辩，多彩
图书"模板

2．根据已有的演示文稿来创建演示文稿

打开已经建立的演示文稿，修改其中的内容为新演示文稿的内容，然后调整格式和动画效果等，最后保存即可。

11.5　思考与练习

1．打开素材文件夹下的演示文稿"雨林在呻吟.pptx"，按照下列要求完成文稿的修饰并保存。

（1）使用"奥斯汀"主题修饰全文，全部幻灯片切换效果为"闪光"，放映方式为"在展台浏览"。

（2）在第 1 张幻灯片前插入版式为"标题幻灯片"的新幻灯片，主标题为"地球报告"，副标题为"雨林在呻吟"，主标题设置为加粗、红色（RGB 颜色模式：249,1,0）。

（3）将第 2 张幻灯片版式改为"标题和竖排文字"，文本动画设置为"空翻"。

（4）在第 2 张幻灯片后插入版式为"标题和内容"的新幻灯片，标题为"雨林——高效率的生态系统"，内容区插入一个 5 行 2 列的表格，表格样式为"浅色样式 3"，第 1 列的 5 行分别输入"位置""面积""植被""气候"和"降雨量"，第 2 列的 5 行分别输入"位于非洲中部的刚果盆地，是非洲热带雨林的中心地带""与墨西哥国土面积相当""覆盖着广阔、葱绿的原始森林""气候常年潮湿，异常闷热"和"一小时降雨量就能达到 7 英寸"。

2．按要求创建一个以介绍个人所在学校为主题的演示文稿。

（1）设置文件名为"班级名+学号+姓名.pptx"，如"造价 2022 班 2013001 王一天.pptx"。

（2）幻灯片的编辑。第 1 张幻灯片输入学校名称；第 2 张幻灯片输入学校简介，并插入学校照片；第 3 张幻灯片使用合适的 SmartArt 图片介绍学校历史；第 4 张幻灯片插入表格，内容为主要院系及院系基本介绍；第 5 张幻灯片使用艺术字展示学校校训。

（3）幻灯片的格式化。利用母版设置标题格式为"隶书、一号、粗体、阴影"；将幻灯片的文本设置为"楷体、20 磅"，并添加项目符号。根据自己的爱好自行设置每张幻灯片的背景颜色，各不相同。

（4）设置动画效果。利用"自定义动画"，为每个对象设置不同的动画效果，其中第 2 张幻灯片中的照片先出现，文本在其后出现。利用"幻灯片切换"设置幻灯片之间的换页动画效果。

（5）设置超链接。在第 1 张幻灯片后插入一张幻灯片作为目录，内容分别是"学校简介""学校历史""院系分布""学校校训"，并设置超链接分别指向对应的幻灯片。

（6）各幻灯片布局合理、美观，最后为演示文稿设置不同的放映方式，并观察效果。

项目 12　PowerPoint 高级应用——制作个人简历

12.1　项目要求和分析

1．项目要求

　　个人简历是对求职者学习、生活、工作、经历、成绩等的概括。个人简历制作非常重要，一份适合职位要求的简历可以增大获得面试的机会，下面将通过在 PowerPoint 2016 中插入艺术字、图片，设置占位符格式等操作，制作个人简历的演示文稿。如图 12.1.1 所示为包含了 13 张幻灯片的个人简历演示文稿。

　　学习用 PowerPoint 制作"个人简历"，要选择一个能够突出自己特点的模板；设计上不要过于复杂，尽量少用超链接等；不要有过多的文字，可以多展示一些生活、工作方面的照片，尽量用轻松活泼的图片、自定义的图形和图表等来代替文字。

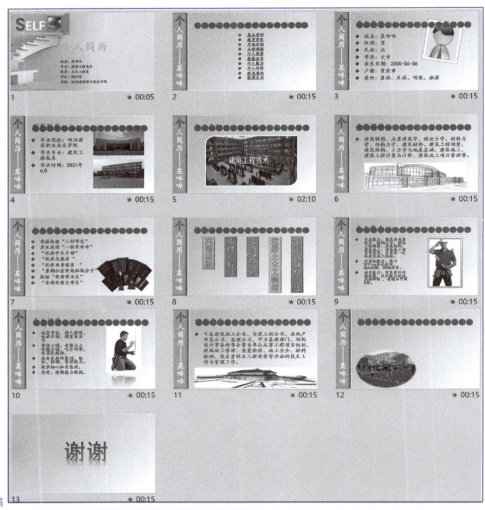

图 12.1.1
个人简历演示文稿

2．项目分析

　　① 幻灯片的基本操作。

② 使用版式添加文本，对文本进行格式化，设置项目符号和编号。

③ 图片、形状、艺术字等对象的添加及编辑。

④ 幻灯片母版的制作及背景应用。

⑤ 幻灯片动画和幻灯片切换效果高级设置。

⑥ 超链接的创建与编辑。

⑦ 在幻灯片中添加视频和音频。

⑧ 幻灯片的放映设置等。

12.2 实现步骤

1. 打开演示文稿

打开文件名为"个人简历素材.pptx"的演示文稿。

2. 设计幻灯片母版

步骤1：选择"视图"选项卡，在"母版视图"选项组中单击"幻灯片母版"按钮，进入幻灯片母版的编辑状态，对该演示文稿进行母版设计。

步骤2：在母版编辑状态下，在左侧的"幻灯片浏览"窗格中，单击第1张母版幻灯片"Office 主题 幻灯片母版"，如图12.2.1所示，对所有幻灯片设置整体风格。

微课 12-1
设计幻灯片母版
（1 统一背景）

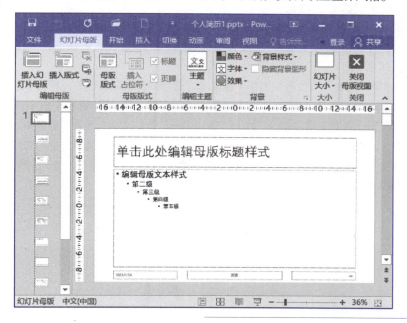

图 12.2.1
选择"Office 主题
幻灯片母版"

① 选择"幻灯片母版"选项卡，在"背景"选项组中单击"背景样式"下拉按钮，在下拉框中选择"设置背景格式"命令，弹出"设置背景格式"任务窗格。

② 在任务窗格中选择"填充"选项，如图12.2.2所示，选中"图片或纹理填充"单选按钮，单击"文件"按钮，在打开的"插入图片"对话框中选择"个人简历素材"文件夹中的图片"背景1.jpg"，单击"打开"按钮。在任务窗格中修改其偏移量，设置"向左偏移"为-9%、"向右偏移"为-9%，单击"全部应用"按钮，将插入的图片设置为每张幻

灯片的背景。

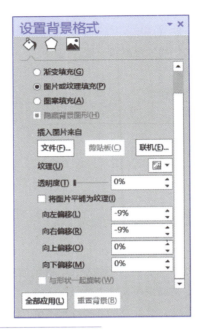

图 12.2.2
"设置背景格式"任务窗格

　　③ 选择"标题"占位符中的所有文本，将格式设置为楷体、48 磅、加粗，设置颜色为"蓝色，个性色 1，深色 25%"。选中"内容"占位符中的第 1 级文本"编辑母版文本样式"，将格式设置为楷体、36 磅、加粗，设置颜色为"灰色-25%，背景 2，深色 50%"。

　　④ 选择"内容"占位符中的第 1 级文本，选择"开始"选项卡，单击"段落"选项组中的"项目符号"下拉按钮，在下拉框中选择"项目符号和编号"命令，在打开的如图 12.2.3 所示的对话框中单击"图片"按钮，在打开的"插入图片"窗口中，单击"从文件　浏览"选项，在打开的"插入图片"对话框中选择"个人简历素材"文件夹中的图片"项目符号.png"，单击"插入"按钮，得到第 1 张母版幻灯片"Office 主题 幻灯片母版"，效果如图 12.2.4 所示。

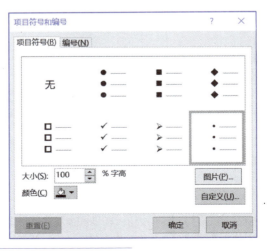

图 12.2.3
"项目符号和编号"对话框

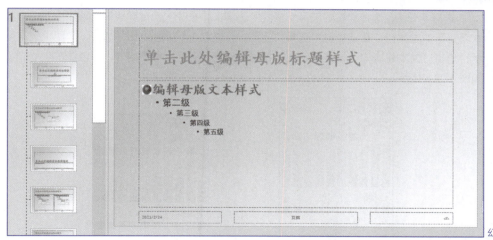

图 12.2.4
"Office 主题
幻灯片母版"效果

步骤 3：在母版视图中，选择第 2 张母版幻灯片"标题幻灯片 版式"，为标题幻灯片单独设置格式。

① 选择"幻灯片母版"选项卡，在"背景"选项组中单击"背景样式"下拉按钮，在下拉框中选择"设置背景格式"命令，弹出"设置背景格式"任务窗格。

② 在任务窗格中选择"填充"选项卡，选中"图片或纹理填充"单选按钮，单击"插入"按钮，在打开的"插入图片"对话框中选择"个人简历素材"文件夹中的图片"背景2.jpg"，单击"插入"按钮。在任务窗格中修改其偏移量，设置"向左偏移"为-17%、"向右偏移"为-1%、"向上偏移"为-1%、"向下偏移"为-2%，设置如图 12.2.5 所示。

③ 插入艺术字。

选择"插入"选项卡，单击"文本"选项组中的"艺术字"下拉按钮，在下拉框中选择"填充-白色，轮廓-着色 1，发光-着色 1"艺术字，如图 12.2.6 所示。在艺术字文本框中输入文本"SELF"，设置字母 S 为 120 磅，字母 ELF 为 88 磅。

微课 12-2
设计幻灯片母版
（2 统一标题
幻灯片版式）

图 12.2.5
"设置背景格式"任务
窗格 2

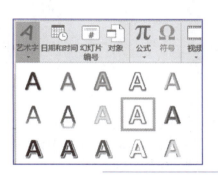

图 12.2.6
选择"填充-白色，
轮廓-着色 1，发光-
着色 1"艺术字

选择字母 S，选择"绘图工具 | 格式"选项卡，在"艺术字样式"选项组中单击"文本填充"下拉按钮，在下拉框中选择"蓝色，个性色 1，深色 25%"选项，如图 12.2.7 所示；单击"文本轮廓"下拉按钮，在下拉框中选择"蓝色，个性色 1，深色 25%"选项，如图 12.2.8 所示。

图 12.2.7
文本填充

图 12.2.8
文本轮廓

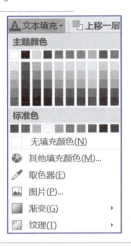
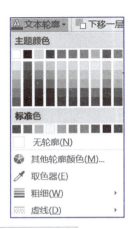

采用与设置字母 S 相同的方法，将字母 ELF 的文本填充颜色和文本轮廓颜色都设置为"白色，背景 1，深色 5%"。

将整个艺术字 SELF 拖动到幻灯片的左上角，调整其位置，效果如图 12.2.9 所示。

再次插入样式为"填充-白色，轮廓-着色 1，发光-着色 1"的艺术字，在艺术字文本框中输入文本"INTRODUCTION"，将字体大小设置为 28 磅，设置"文本填充"为"白色，背景 1"、"文本轮廓"为"白色，背景 1，深色 15%"，将该艺术字移动到幻灯片左上角的适当位置。

调整母版幻灯片"标题幻灯片 版式"各占位符的位置。

微课 12-3
设计幻灯片母版（3
统一标题和内容、两
栏内容两种版式）

图 12.2.9
"标题幻灯片 版式"
中的艺术字效果

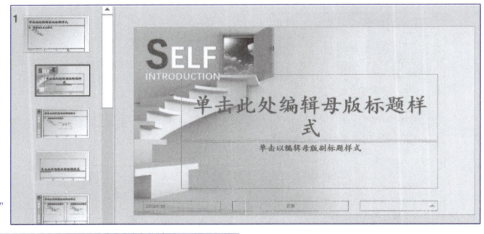

步骤 4：在母版编辑状态下，在左侧"幻灯片浏览"窗格中选择第 3 张母版幻灯片"标题和内容 版式"，并对其设置效果。

① 插入图片。插入"个人简历素材"文件夹中的图片"背景 3.jpg"，并将其拖到幻灯片左侧，如图 12.2.10 所示。

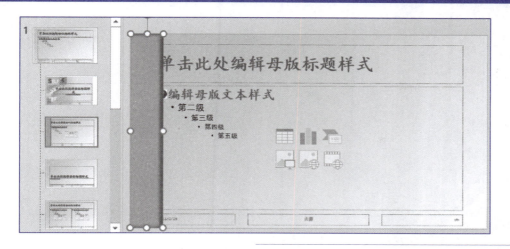

图 12.2.10
插入图片

② 插入形状。选择"插入"选项卡，单击"插图"选项组中的"形状"下拉按钮，在下拉框中选择"矩形"图形，绘制矩形。

选择该矩形，选择"绘图工具 | 格式"选项卡，在"大小"选项组中设置矩形的高度为 19.05 cm、宽度为 0.3 cm。

在"形状样式"选项组中单击"形状填充"下拉按钮，在下拉框中选择"白色，背景 1，深色 5%"选项；单击"形状轮廓"下拉按钮，在下拉框中选择"无轮廓"选项；单击"形状效果"下拉按钮，在下拉框中选择"阴影"→"阴影选项"命令，打开"设置形状格式"任务窗格，如图 12.2.11 所示，在其中设置"透明度"为 70%、"大小"为 100%、"模糊"为 15 磅、"角度"为 45°、"距离"为 18 磅。

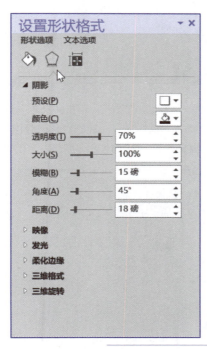

图 12.2.11
"设置形状格式"
任务窗格

把设置好的矩形拖到与图片"背景 3.jpg"相邻的位置，如图 12.2.12 所示。

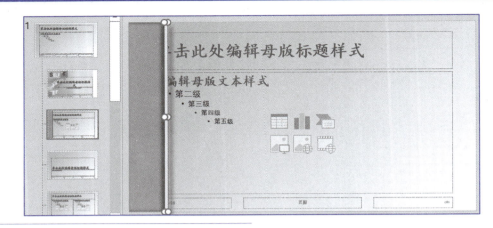

图 12.2.12
插入矩形并
调整位置

③ 调整占位符的大小及位置。同时选中"标题"和"内容"占位符，选择"绘图工具｜格式"选项卡，在"大小"选项组中，将占位符的宽度都设置为 28 cm，调整占位符位置，如图 12.2.13 所示。

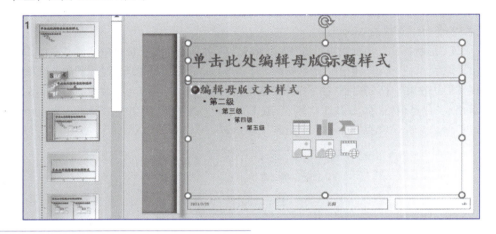

图 12.2.13
调整占位符的
大小和位置

④ 插入竖排文本。选择"插入"选项卡，单击"文本"选项组中的"文本框"下拉按钮，在下拉框中选择"竖排文本框"命令，在幻灯片母版中插入一个竖排格式文本框，并输入文本"个人简历——某哞哞"，如图 12.2.14 所示。

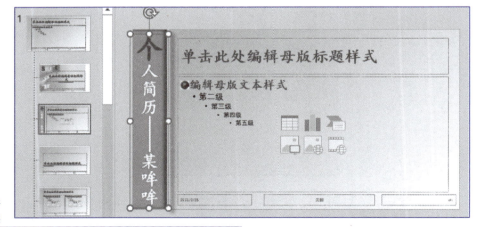

图 12.2.14
插入竖排文本框并
设置格式后的效果

⑤ 设置竖排文本格式。选择第 2 张幻灯片母版，选择文本 S，单击"开始"选项卡中的"格式刷"按钮复制文本 S 的格式，选择第 3 张幻灯片母版，选择文本"个"，将文本 S 的格式复制粘贴到文本"个"上，并设置文本"个"为 80 磅、楷体。

使用相同的方法，将第 2 张幻灯片母版中文本 ELF 的格式复制粘贴到第 3 张幻灯片母版中的文本"人简历——某哞哞"上，并设置为 54 磅、楷体。

移动"个人简历——某哞哞"文本框到合适的位置，效果如图 12.2.14 所示。

步骤 5：在母版视图中，选择第 5 张母版幻灯片"两栏内容 版式"，对其设置外观效果。

① 打开第 3 张母版幻灯片"标题和内容 版式"，分别将图片"背景 3.jpg"、矩形和"个人简历——某哞哞"文本框这 3 个对象复制到第 5 张母版幻灯片"两栏内容 版式"中，位置与第 3 张母版幻灯片相同。

② 调整第 5 张母版幻灯片中占位符的大小和位置。将标题占位符宽度设置为 28 cm，高度不变；将两个内容占位符的宽度设置为 13 cm，高度不变。调整所有占位符的位置，如图 12.2.15 所示。

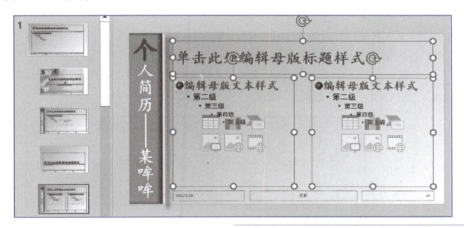

图 12.2.15
"两栏内容 版式"
中的占位符调整

步骤 6：完成母版设计。选择"幻灯片母版"选项卡，单击"关闭"选项组中的"关闭母版视图"按钮即可。

3．美化演示文稿

（1）美化第 1 张幻灯片

选择标题文本，设置字体大小为 80 磅，选择副标题文本，设置字体大小为 24 磅，将段落格式设置为左对齐，调整占位符的位置，效果如图 12.2.16 所示。

图 12.2.16
第 1 张幻灯片效果图

（2）美化第2张幻灯片

插入"个人简历素材"文件夹中的图片"标准照.png"，调整其大小；选择"图片工具 | 格式"选项卡，单击"图片样式"选项组中的"其他"下拉按钮，在下拉框中选择"旋转，白色"样式，拖动图片到合适的位置，并将其旋转大约15°，效果如图 12.2.17 所示。

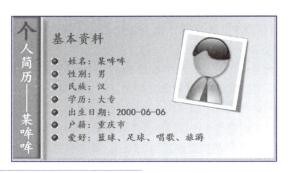

图 12.2.17
"基本资料"幻灯片效果图

（3）美化第3张幻灯片

首先将第 3 张幻灯片的版式改为"两栏内容"。

然后在右侧内容占位符中，单击"图片"按钮，如图 12.2.18 所示，在打开的"插入图片"对话框中，同时选中"个人简历素材"文件夹中的"学校 1.jpg""学校 2.jpg""学校 3.jpg""学校 4.jpg"这 4 张图片，单击"插入"按钮。

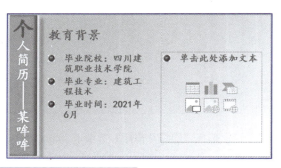

图 12.2.18
插入图片

同时选中这 4 张图片，选择"图片工具 | 格式"选项卡，在"大小"选项组中设置所有图片宽度为 12 cm。在"排列"选项组中单击"对齐"下拉按钮，在下拉框中分别选择"右对齐"和"顶端对齐"命令，将这 4 张图片以相同的大小重叠在一起，然后同时拖动这 4 张图片到幻灯片右上角的位置，效果如图 12.2.19 所示。

图 12.2.19
"教育背景"幻灯片效果图

使用同样的方法，在当前幻灯片中同时插入"学校 5.jpg""学校 6.jpg""学校 7.jpg"和"学校 8.jpg"这 4 张图片。图片的宽度也设置为 12 cm，并重叠在一起，拖动这 4 张图片到幻灯片右下角的位置。

（4）美化第 4 张幻灯片

插入"个人简历素材"文件夹中的图片"建筑 1.jpg"，使用鼠标拖动控制点的方法调整其大小。选择"格式"选项卡，在"图片样式"选项组中单击"其他"下拉按钮，在下拉框中选择"柔化边缘矩形"样式，并拖动图片到幻灯片底端，效果如图 12.2.20 所示。

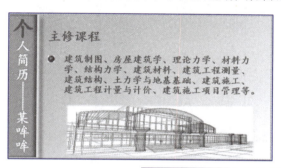

图 12.2.20
"主修课程"幻灯片效果

（5）美化第 5 张幻灯片

插入"个人简历素材"文件夹中的图片"获奖证书.jpg"，调整其大小；选择"图片工具 | 格式"选项卡，在"调整"选项组中单击"删除背景"按钮，调整控制框的大小，控制要删除背景的区域，如图 12.2.21 所示；在"背景消除"选项卡中单击"保留更改"按钮，即可删除图片背景；拖动图片到幻灯片右下角的位置，效果如图 12.2.22 所示。

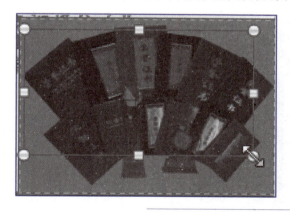

图 12.2.21
删除背景区域控制

图 12.2.22
"个人荣誉"幻灯片
效果图

169

（6）美化第 6 张幻灯片

步骤 1：在幻灯片中插入"填充—白色，轮廓—着色 1，阴影"样式的艺术字，如图 12.2.23 所示；然后选择艺术字，选择"开始"选项卡，单击"段落"选项组中的"文字方向"下拉按钮，在下拉框中选择"竖排"命令，将艺术字改为竖排格式后输入内容"英语四级"，将艺术字的"形状样式"设置为"浅色 1 轮廓，彩色填充—蓝色，强调颜色 1"，"形状效果"设置为"棱台"→"圆"。

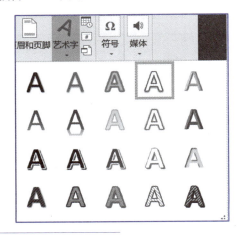

图 12.2.23
选择艺术字

步骤 2：将内容占位符中的文本"监理工程师""二级建造师"等，分别采用上述方法插入相同样式的艺术字，将文字方向均设置为"竖排"，形状样式分别设置为不同颜色效果，"形状效果"均设置为"棱台"→"圆"。

步骤 3：同时选中所有艺术字，选择"绘图工具 | 格式"选项卡，单击"排列"选项组中的"对齐对象"下拉按钮，在下拉框中分别选择"顶端对齐"和"横向分布"选项，调整艺术字在幻灯片中的位置及分布，其效果如图 12.2.24 所示。

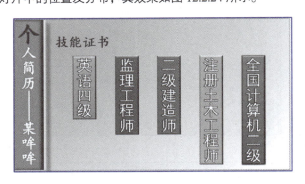

图 12.2.24
"技能证书"幻灯片效果图

步骤 4：删除该幻灯片下的内容及内容占位符。

（7）美化第 7 幻灯片

步骤 1：更改幻灯片的版式为"两栏内容"。

步骤 2：在右侧第 2 栏内容占位符中使用占位符法插入图片"建筑 3.jpg"。

步骤 3：选择图片，将图片样式设置为"金属框架"，效果如图 12.2.25 所示。

图 12.2.25
"个人能力"幻灯片
效果图

（8）美化第 8 张幻灯片

步骤 1：插入图片"建筑 2.jpg"。

步骤 2：选择图片，调整图片的大小及位置，将图片的样式设置为"柔化边缘矩形"，效果如图 12.2.26 所示。

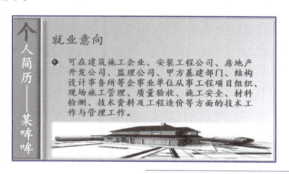

图 12.2.26
"就业意向"幻灯片
效果图

（9）美化第 9 张幻灯片

步骤 1：将幻灯片版式更改为"两栏内容"。

步骤 2：在右侧第 2 栏内容占位符中使用占位符法插入图片"建筑 4.jpg"，图片样式设置为"映像圆角矩形"，效果如图 12.2.27 所示。

图 12.2.27
"个人评价"幻灯片
效果图

（10）交换幻灯片的位置

在"幻灯片浏览"窗格中，选择第 9 张幻灯片，按住鼠标左键将其拖动到第 7 张和第 8 张幻灯片之间。

（11）插入"校园生活"幻灯片

步骤 1：选择第 9 张幻灯片（"就业意向"），在该幻灯片后插入一张"标题和内容"版式的新幻灯片，在标题占位符中输入文本"校园生活"，删除内容占位符。

步骤 2：在新幻灯片中插入"个人简历素材"文件夹中的图片"校园生活 1.jpg""校园生活 2.jpg""校园生活 3.jpg""校园生活 4.jpg""校园生活 5.jpg"。

步骤 3：将插入的 5 张图片都设置为"柔化边缘椭圆"样式。

步骤 4：选择图片，调整其大小和位置，效果如图 12.2.28 所示。

图 12.2.28
"校园生活"幻灯片效果图

（12）插入"谢谢"幻灯片

步骤 1：在幻灯片"校园生活"后插入一张"空白"版式的新幻灯片。

步骤 2：在幻灯片中插入艺术字样式"渐变填充—蓝色，着色 1，反射"，输入"谢谢"，设置格式为 150 磅、加粗、黑体，效果如图 12.2.29 所示。

图 12.2.29
"谢谢"幻灯片效果图

（13）插入"专业介绍"幻灯片

步骤 1：在幻灯片"教育背景"后插入一张"标题和内容"版式的新幻灯片。

步骤 2：在标题占位符中输入文字"专业介绍"。

步骤 3：在内容占位符中，单击"插入视频文件"按钮，在"插入视频"面板中选择"来自文件"命令，打开"插入视频文件"对话框，选择"个人简历素材"文件夹中的视频文件"建筑工程技术简介.avi"，单击"插入"按钮。选择"视频工具 | 格式"选项卡，在"视频样式"选项组中单击"其他"下拉按钮，在下拉框中选择"中等"→"圆形对角，白色"样式。

步骤 4：设置视频的标牌框架。选择视频，选择"视频工具 | 格式"选项卡，单击"调整"选项组中的"海报框架"按钮，在下拉框中选择"文件中的图像"命令，单击"插入图片"面板中的"从文件"选项，选择"个人简历素材"文件夹中的"建筑工程技术.png"，效果如图 12.2.30 所示。

图 12.2.30
"专业介绍"幻灯片
效果图

（14）插入"简历目录"幻灯片

步骤 1：在第 1 张幻灯片后插入一张"标题和内容"版式的新幻灯片。

步骤 2：在新幻灯片中输入如图 12.2.31 所示效果图中的标题和文本内容，并将其设置为居中。

图 12.2.31
"简历目录"幻灯片
效果图

步骤 3：分别选择目录内容编辑超链接。这里以"基本资料"为例，选择文本"基本资料"，选择"插入"选项卡，单击"链接"选项组中的"超链接"按钮，打开"插入超链接"对话框，如图 12.2.32 所示，在"链接到"列表框中选择"本文档中的位置"选项，设置超链接到第 3 张幻灯片"3.基本资料"，单击"确定"按钮，即对文本"基本资料"建立了对应的超链接。

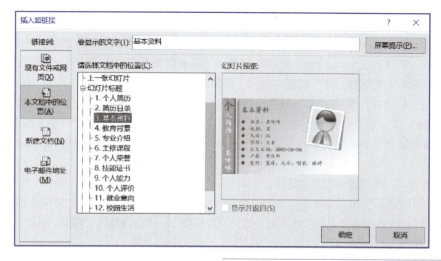

图 12.2.32
"插入超链接"对话框

微课 12-4
第 1 张幻灯片的
动画设计

4．动画设计（幻灯片内动画）

（1）第 1 张幻灯片的动画设计

步骤 1：添加标题动画。选择标题文本"个人简历"，先将文本颜色设置为"橙色"，然后选择"动画"选项卡，单击"高级动画"选项组中的"添加动画"下拉按钮，在下拉框中选择"更多进入效果"命令，如图 12.2.33 所示，打开"添加进入效果"对话框，选择"温和型"→"基本缩放"效果，单击"确定"按钮，如图 12.2.34 所示。

图 12.2.33
选择"更多进入
效果"

图 12.2.34
选择进入效果

步骤 2：修改进入动画。选择"动画"选项卡，单击"高级动画"选项组中的"动画窗格"按钮，在 PowerPoint 窗口右侧弹出"动画窗格"任务窗格，单击第 1 个动画选项右侧的下拉按钮，在下拉框中选择"效果选项"命令，如图 12.2.35 所示，弹出"基本缩放"对话框，在"效果"选项卡中设置"缩放"为"轻微缩小"、"动画文本"为"按字母"、"字母之间延迟"为 40%，如图 12.2.36 所示。在"计时"选项卡中设置动画开始时间为"上一动画之后"、期间速度为"1.5 秒"，单击"确定"按钮，如图 12.2.37 所示。

步骤 3：为标题添加叠加动画。选择标题文本"个人简历"，选择"动画"选项卡，单击"高级动画"选项组中的"添加动画"下拉按钮，在下拉框中选择"更多强调效果"命令，弹出"添加强调效果"对话框，选择"温和型"→"彩色延伸"效果，单击"确定"按钮，如图 12.2.38 所示。

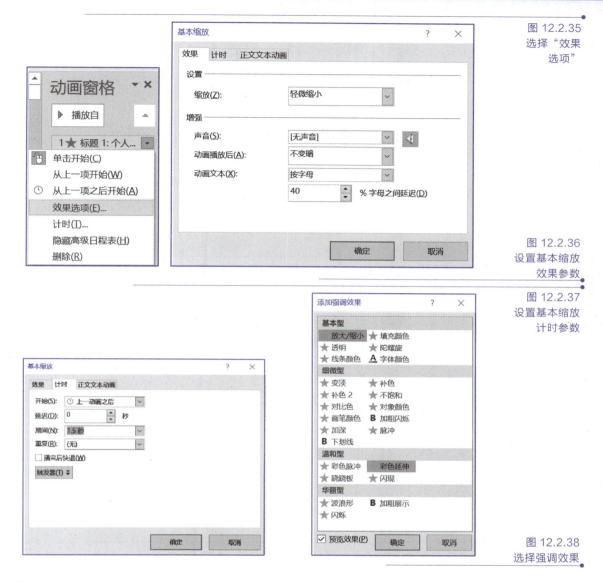

图 12.2.35
选择"效果
选项"

图 12.2.36
设置基本缩放
效果参数

图 12.2.37
设置基本缩放
计时参数

图 12.2.38
选择强调效果

【提示】

添加动画和动画样式的区别：选择"动画"选项卡，在"动画"选项组中有"其他"下拉列表，在"高级动画"选项组中有"添加动画"选项，这两个选项都是为对象添加动画效果的。但使用"其他"下拉列表添加的动画只能对同一对象添加一个动画效果，不能产生叠加动画；"添加动画"按钮既可以为同一对象添加一个动画，也可以在同一对象上重复添加多个新动画，即对同一对象产生叠加动画。

步骤 4：修改"彩色延伸"动画效果。在"动画窗格"任务窗格中单击第 2 个动画选项右侧的下拉按钮，在下拉框中选择"效果选项"命令，弹出"彩色延伸"对话框，在"效果"选项卡中设置"颜色"为"蓝色"、"动画文本"为"按字母"，"字母之间延迟"为10%，如图 12.2.39 所示。在"计时"选项卡中设置动画"开始"时间为"上一动画之后"、"期间"速度为"快速（1 秒）"，如图 12.2.40 所示。

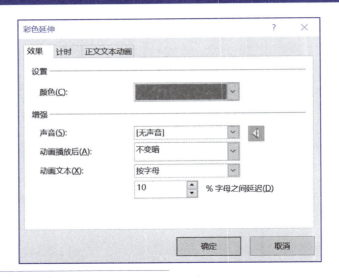

图 12.2.39
设置彩色延伸效果参数

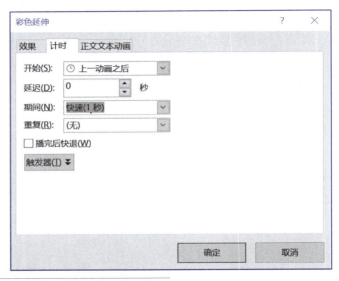

图 12.2.40
设置彩色延伸计时参数

　　步骤 5：添加副标题动画。选择副标题占位符，为副标题添加"飞入"进入效果。在"动画"选项卡的"计时"选项组中设置动画"开始"时间为"上一动画之后"、"持续时间"为 0.4 s，如图 12.2.41 所示。

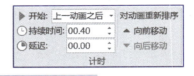

图 12.2.41
设置副标题计时参数

　　步骤 6：预览第 1 张幻灯片的动画效果。选择"动画"选项卡，单击左端的"预览"按钮，即可预览当前幻灯片的动画效果。

（2）第 2 张幻灯片的动画设计

　　步骤 1：复制标题占位符，并粘贴，将其中的文字改为满行的 ● 符号，拖动该占位符使其与原来的标题占位符重叠，如图 12.2.42 所示。

图 12.2.42
添加新对象

步骤 2：选择包含●符号的占位符，为其添加"飞入"进入效果，打开该动画的"效果选项"对话框，设置动画"方向"为"自左侧"、"动画文本"为"按字母"、"字母之间延迟"为 10%，动画"开始"时间为"上一动画之后"、"期间"速度为"非常快（0.5 秒）"。

步骤 3：再次选择包含●符号的占位符，使用"高级动画"选项组为其添加退出效果中的"淡出"动画，设置其"动画文本"为"按字母"、"字母之间延迟"为 12%、动画"开始"时间为"与上一动画同时"、"延迟"为"1.1 秒"、"期间"速度为"非常快（0.5 秒）"。

步骤 4：选择标题占位符文本"简历目录"，为其添加"淡出"进入效果，设置其"动画文本"为"按字母"、"字母之间延迟"为 10%、动画"开始"时间为"与上一动画同时"、"延迟"为"2 秒"、"期间"速度为"非常快（0.5 秒）"。

【提示】

　　如果幻灯片上的对象彼此堆叠，难以选择单独的对象。此时使用"选择和可见性"任务窗格可以方便地选择对象及隐藏暂时不需编辑的对象。在"开始"选项卡中，单击"编辑"选项组中的"选择"下拉按钮，在下拉框中选择"选择窗格"命令，即可打开"选择和可见性"任务窗格。

步骤 5：选择内容占位符中的所有文本，为其添加"飞入"进入效果，设置其动画"方向"为"自左侧"、动画"开始"时间为"上一动画之后"、"延迟"为"0.5 秒"、"期间"速度为"非常快（0.5 秒）"。

（3）设置所有幻灯片的标题动画

步骤 1：选择第 2 张幻灯片中包含●符号的占位符，复制后分别粘贴到第 3~12 张幻灯片标题占位符的位置。

步骤 2：选择第 2 张幻灯片"标题"占位符中的文本"简历目录"，选择"动画"选项卡，单击"高级动画"选项组中的"动画刷"按钮，复制该文本的动画格式，再使用呈刷子符号的鼠标指针单击第 3 张幻灯片的标题占位符，从而将相同的动画效果粘贴到该标题文本上。使用相同的方法，将该动画格式粘贴到第 4~12 张幻灯片的标题占位符中。

（4）第 3 张幻灯片的动画设计

步骤 1：选择内容占位符中的所有文本，为其添加"出现"进入效果，设置文本在其动画播放后为"蓝色"、"动画文本"为"按字母"，"字母之间延迟"为"0.2 秒"、动画"开始"时间为"上一动画之后"。

步骤 2：选择图片"标准照.png"，为其添加"翻转式由远及近"进入效果，设置动画"开始"时间为"上一动画之后"、"期间"速度为"非常快（0.5 秒）"。

（5）设置所有内容占位符中的文本动画

打开第 3 张幻灯片，使用"动画刷"复制内容占位符中的文本动画格式，将该动画格式粘贴到第 4~12 张幻灯片的内容占位符中。

（6）第 4 张幻灯片的动画设计

步骤 1：选择图片"学校 1.jpg"，为其添加"缩放"进入效果，设置动画"开始"时间为"上一动画之后"、"延迟"为"1 秒"、"期间"速度为"快速（1 秒）"。

步骤 2：使用"动画刷"复制图片"学校 1.jpg"的动画，分别按先后顺序将动画粘贴给图片"学校 5.jpg""学校 2.jpg""学校 6.jpg""学校 3.jpg""学校 7.jpg""学校 4.jpg""学校 8.jpg"。

（7）第 5 张幻灯片的动画设计

选择视频对象，选择"视频工具 | 播放"选项卡，单击"编辑"选项组中的"裁剪视频"按钮，打开"剪裁视频"对话框，设置"开始时间"为"00:00.500"、"结束时间"为"02:00"，如图 12.2.43 所示。

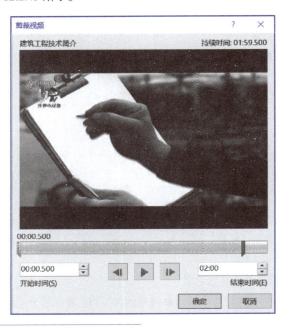

图 12.2.43
"剪裁视频"对话框

选择视频对象，在"动画窗格"任务窗格中，选择视频对象的"效果选项"命令，打开"暂停视频"对话框，设置"开始"播放时间为"上一动画之后"、"延迟"为"0.5秒"。

再选择视频对象，添加高级动画中的"棋盘"进入效果，设置"开始"播放时间为"上一动画之后"、"延迟"为"0.5 秒"、"期间"为"快速（1 秒）"。

将"棋盘"动画调整到视频播放动画之前。打开"动画窗格"任务窗格，选择"棋盘"动画选项，单击任务窗格右上角的向上按钮，如图 12.2.44（a）所示，将"棋盘"动画的顺序排列在视频动画之前，如图 12.2.44（b）所示。

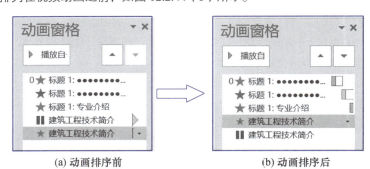

图 12.2.44
"动画窗格"中的动画顺序

（a）动画排序前   （b）动画排序后

（8）第 7 张幻灯片的动画设计

使用"动画刷"复制第 4 张幻灯片中任何一张图片的动画格式，粘贴给第 7 张幻灯片中的图片"获奖证书.jpg"。

（9）第 8 张幻灯片的动画设计

步骤 1：选择"英语四级"所在的矩形，添加"飞旋"进入效果，设置动画"开始"时间为"上一动画同时"、"延迟"为"2 秒"、"期间"速度为"快速（1 秒）"。

步骤 2：选择"监理工程师"所在的矩形，添加"飞旋"进入效果，设置动画"开始"时间为"上一动画之后"、"延迟"为"0 秒"、"期间"速度为"快速（1 秒）"。

步骤 3：使用"动画刷"复制"监理工程师"所在矩形的动画格式，分别按从左到右的顺序粘贴到其余 3 个矩形上。

（10）第 9～11 张幻灯片的动画设计

使用"动画刷"复制第 7 张幻灯片中图片"获奖证书.jpg"的动画格式，分别粘贴给第 9～11 张幻灯片中的图片。

（11）第 12 张幻灯片的动画设计

步骤 1：使用"动画刷"复制第 7 张幻灯片中图片"获奖证书.jpg"的动画格式，粘贴给第 12 张幻灯片中最大的一张图片"校园生活 3.jpg"。

步骤 2：将"校园生活 1.jpg""校园生活 2.jpg""校园生活 4.jpg""校园生活 5.jpg"这 4 张图片拖动到幻灯片下方以外的位置，即运动轨迹的起始点，如图 12.2.45 所示。

微课 12-6
第 12 张幻灯片的
动画设计

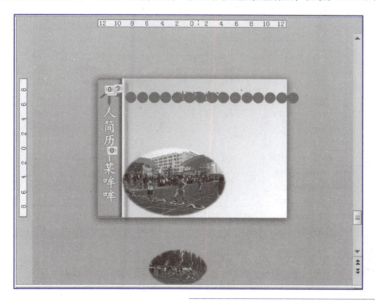

图 12.2.45
4 张图片重叠后的位置

步骤 3：隐藏暂时不需要编辑动画的对象，选择"开始"选项卡，在"编辑"选项组中单击"选择"下拉按钮，在下拉框中选择"选择窗格"命令，如图 12.2.46 所示，打开"选择"任务窗格，单击"眼睛"图标，可显示或隐藏当前幻灯片中对应的对象。分别选择"选择"任务窗格中的图片"校园生活 1.jpg""校园生活 2.jpg""校园生活 5.jpg"，设置为隐藏，如图 12.2.47 所示。

步骤 4：为图片"校园生活 4.jpg"添加自定义动作路径动画。选择图片"校园生活 4.jpg"，选择"动画"选项卡，在"动画"选项组中单击"其他"下拉按钮，在下拉框中选择"动作路径"→"自定义路径"选项，如图 12.2.48 所示。

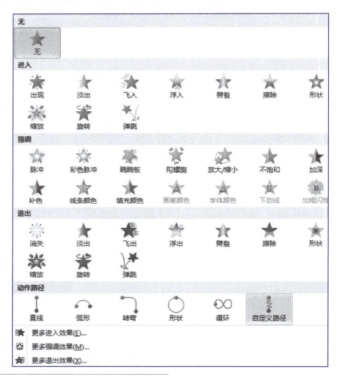

以图片"校园生活 4.jpg"的位置为起始点，按住鼠标左键拖动绘制出图片"校园生活 4.jpg"的运动轨迹，如图 12.2.49 所示。

设置图片"校园生活 4.jpg"的动画"开始"时间为"上一动画之后"、"期间"速度为"中速（2 秒）"。

步骤 5：为图片"校园生活 2.jpg"添加动画。单击"选择和可见性"任务窗格中对应图片"校园生活 2.jpg"、"校园生活 4.jpg"的"可见/不可见"按钮，显示图片"校园生活 2.jpg"，隐藏图片"校园生活 4.jpg"。

选择图片"校园生活 2.jpg"，采用以上方法为图片"校园生活 2.jpg"添加如图 12.2.50 所示的"自定义路径"，其动画效果同"校园生活 4.jpg"。

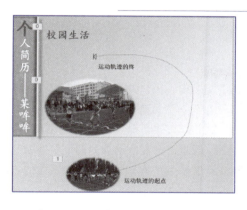

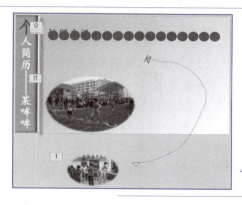

图 12.2.49
绘制"校园生活
4.jpg"运动轨迹

图 12.2.50
"校园生活 2.jpg"
的运动轨迹

步骤 6：采用相同的方法，按先后顺序为图片"校园生活 1.jpg""校园生活 5.jpg"添加相同的动画效果，如图 12.2.51 和图 12.2.52 所示。

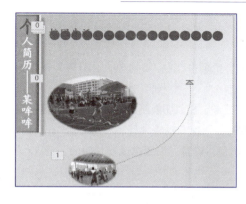

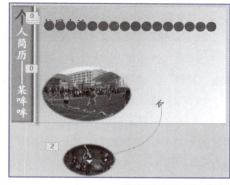

图 12.2.51
"校园生活 1.jpg"
的运动轨迹

图 12.2.52
"校园生活 5.jpg"
的运动轨迹

步骤 7：在"选择和可见性"任务窗格中单击"可见/不可见"按钮，显示当前幻灯片中所有对象，并显示所有自定义的动作路径，通过鼠标拖动调整其动画路径，让图片能运动到合适位置，如图 12.2.53 所示。

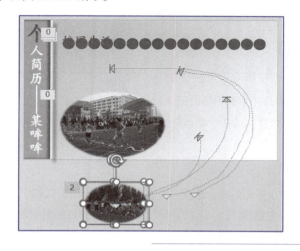

图 12.2.53
调整 4 张图片
的运动轨迹

（12）第 13 张幻灯片的动画设计

选择文本"谢谢"，为其添加"缩放"进入效果，设置动画"开始"时间为"上一动

181

画之后"、"期间"速度为"快速（1 秒）"。

5．动画设计（幻灯片切换）

（1）为演示文稿整体设置动画切换效果

步骤 1：选择任意一张幻灯片，选择"切换"选项卡，在"切换到此幻灯片"选项组中单击"其他"下拉按钮，在下拉框中选择"华丽型"→"涡流"效果。

步骤 2：修改动画效果。选择"切换"选项卡，在"计时"选项组中设置"持续时间"为 2 s，取消选中"单击鼠标时"复选框，设置"设置自动换片时间"为 15 s，单击"全部应用"按钮，将该切换效果应用到演示文稿的所有幻灯片中，如图 12.2.54 所示。

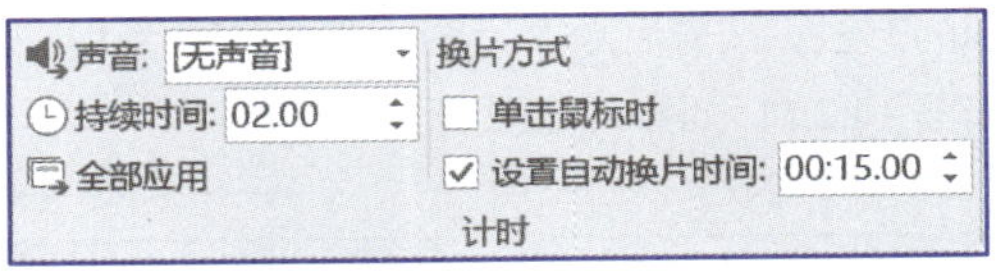

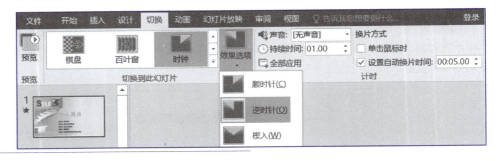

图 12.2.54
幻灯片切换"计时"选项组

（2）单独为第 1 张幻灯片设置切换效果

步骤 1：选择第 1 张幻灯片，选择"切换"选项卡，在"切换到此幻灯片"选项组中单击"其他"下拉按钮，在下拉框中选择"华丽型"→"时钟"选项。

步骤 2：修改动画效果。选择"切换"选项卡，在"切换到此幻灯片"选项组中单击"效果选项"下拉按钮，在下拉框中选择"逆时针"命令；在"计时"选项组中设置"持续时间"为 1 s，取消选中"单击鼠标时"复选框，设置"设置自动换片时间"为 5 s，如图 12.2.55 所示。

图 12.2.55
第 1 张幻灯片的
切换效果设置

（3）修改特殊幻灯片中的切换时间

选择第 5 张幻灯片，选择"切换"选项卡，在"计时"选项组中设置"设置自动换片时间"为 02:10:00。

6．添加背景音乐

步骤 1：选择第 1 张幻灯片，选择"插入"选项卡，单击"媒体"选项组中的"音频"下拉按钮，在下拉框中选择"PC 上的音频"命令，在打开的对话框中选择"个人简历素材"文件夹中的音频文件"背景音乐.mp3"，单击"插入"按钮。

步骤 2：拖动幻灯片中的音频图标到幻灯片左下角的位置，如图 12.2.56 所示。

图 12.2.56
插入音频

步骤 3：选择音频图标，选择"音频工具 | 播放"选项卡，在"编辑"选项组中设置淡化持续时间"淡入"为 3 s、"淡出"为 5 s；在"音频选项"选项组中设置"音量"为"中"；在"音频样式"选项组中单击"在后台播放"按钮，如图 12.2.57 所示。

图 12.2.57
音频的播放设置

7. 演示文稿的放映

选择"幻灯片放映"选项卡，单击"设置"选项组中的"设置幻灯片放映"按钮，打开"设置放映方式"对话框，如图 12.2.58 所示，设置"放映类型"为"观众自行浏览（窗口）"，选中"循环放映，按 ESC 键终止"复选框，单击"确定"按钮，然后按 F5 键观看放映效果。

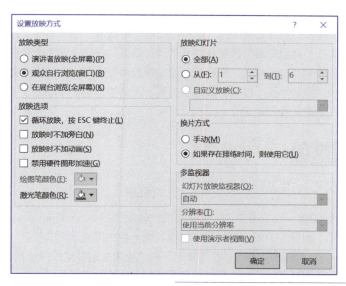

图 12.2.58
设置放映方式

8. 保存演示文稿

选择"文件"选项卡，选择"另存为"命令，在打开的对话框中设置保存位置及文件名，将文件保存为"个人简历（本人姓名）.pptx"。

12.3　项目总结

本项目主要应用 PowerPoint 制作常用演示文稿"个人简历",包括幻灯片中对象的基本处理,通过幻灯片主题和设计独特的幻灯片母版来统一演示文稿的整体风格,通过幻灯片中的动画设计和幻灯片间的切换增强动态演示效果,合理添加视频和背景音乐,让演示文稿更加丰富。

① 选择适当的模板与背景。幻灯片的精巧设计、美观固然重要,但不能喧宾夺主,要重点突出演示内容。

② 恰当处理文字。一张幻灯片中放置的文字信息不宜过多,制作时应尽量精简。

③ 选择字体。如果连贯的文字较多,建议选用宋体,标题可以选择不同的字体。

④ 设置字号大小。字号大小要根据演示会场或教室的大小和投放比例而定。一般来说,标题选用 32~36 磅为宜,加粗、加阴影效果更好,其他内容可以根据空间在 22~30 磅中选择。

⑤ 选择字体颜色。可将标题或需要突出的文字使用不同的颜色加以显示,但同一幻灯片的文字颜色最好不超过 3 种。

⑥ 处理图片。在幻灯片中剪辑一张好的图片可以减少大篇幅的文字说明,而且制作图文并茂的幻灯片会获得事半功倍的演示效果。

⑦ 动画设置。适当的动画效果对演示文稿内容能起到承上启下、激发观众的作用。设置动画时,为避免分散观众的注意力,尽量不要使用动感过强的动画效果,并注意设置幻灯片播放的顺序与时间。

⑧ 如果幻灯片上的对象彼此堆叠,则难以选择单独的对象,此时使用"选择和可见性"任务窗格可以方便地选择对象及隐藏暂时不需编辑的对象。

⑨ 添加动画和动画样式的区别:选择"动画"选项卡,在"动画"选项组中有"动画样式"按钮,在"高级动画"选项组中有"添加动画"按钮,这两个按钮都是为对象添加动画效果。但使用"动画样式"按钮添加的动画只能更改第 1 个动画效果,而不能产生叠加动画;使用"添加动画"按钮,既可以为显示对象添加第 1 个动画,也可以添加新的动画,产生同一对象的叠加动画。

12.4　项目拓展

制作交互式相册

要显示一组图片,有很多方法,最直接的方法是使用 PowerPoint 2016 所提供的"相册"功能。利用"相册"功能,可以快速创建风格一致的图片演示文稿。

例如,将"个人简历"中的"教育背景"和"校园生活"幻灯片使用"相册"功能,按类组织图片,并提供标注,为各张图片添加简短的介绍信息。

设计步骤如下。

步骤 1:在开始制作相册之前,要准备好需要的素材(包括图片、内容介绍等)。

步骤 2:打开 PowerPoint 2016,建立默认文件名为"演示文稿 1.pptx"的文件。

步骤 3:在"插入"选项卡"图像"选项组中单击"相册"下拉按钮,在下拉框中选择"新建相册"命令,打开"相册"对话框,如图 12.4.1 所示。

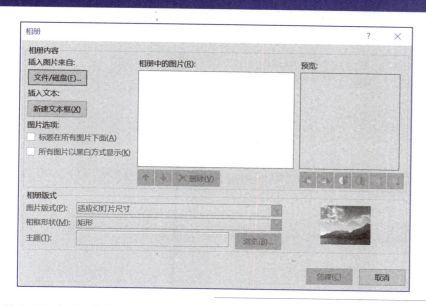

图 12.4.1
"相册"对话框

单击"文件/磁盘"按钮，在打开的"插入新图片"对话框中找到需要添加到相册中的图片，在选择图片时按住 Ctrl 键，可同时选择多张图片，如图 12.4.2 所示，单击"插入"按钮，返回"相册"对话框。这里一次插入了 8 张图片。

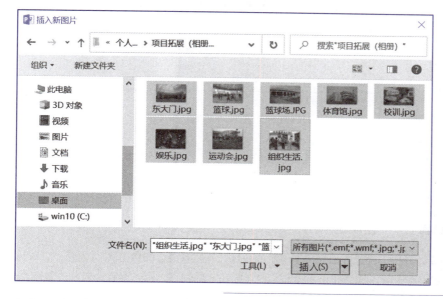

图 12.4.2
"插入新图片"对话框

步骤 4：在"相册版式"下拉列表框中选择"4 张图片"选项，设置"相框形状"为"简单框架，白色"，单击"浏览"按钮添加一种演示文稿主题。在"相册中的图片"列表框中显示了当前插入的图片，并能够在"预览"框中预览选中的图片。"相册中的图片"列表框下方的按钮可用于对插入的图片进行排列顺序的调整，"预览"框下方的按钮可以对选中的图片进行旋转、亮度对比度等的调整。

步骤 5：根据需要，调整插入图片的顺序及效果，如图 12.4.3 所示，单击"创建"按钮，生成相册的初始框架如图 12.4.4 所示。

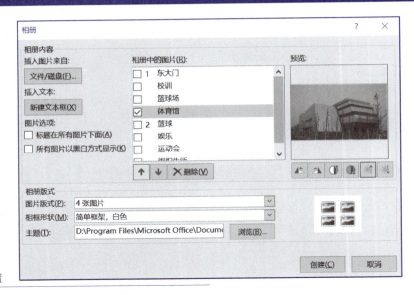

图 12.4.3
相册版式以及图片的设置

图 12.4.4
相册的初始框架

步骤 6：根据需要可在幻灯片中按常规方法添加文本内容、文本框等，对图片进行文字说明等。

步骤 7：通过母版、主题等设置幻灯片的格式，然后添加动画效果等。

步骤 8：保存。

12.5　思考与练习

1. "天河二号超级计算机"是我国独立自主研制的超级计算机系统，2014 年 6 月再登"全球超算 500 强"榜首，为祖国再次争得荣誉。作为北京市第××中学初二年级物理老师，李晓玲老师决定制作一个关于"天河二号"的演示幻灯片，用于学生课堂知识拓展。请根据素材文件夹下的"天河二号素材.docx"及相关图片文件，帮助李老师完成制作任务，具体要求如下。

（1）演示文稿共包含 10 张幻灯片，其中，标题幻灯片 1 张，概况 2 张，特点、技术参数、自主创新和应用领域各 1 张，图片欣赏 3 张（其中 1 张为图片欣赏标题页）。幻灯片必须选择一种设计主题，要求字体和色彩合理、美观大方。所有幻灯片中除了标题和副标题，其他文字的字体均设置为"微软雅黑"。演示文稿保存为"天河二号超级计算机.pptx"。

（2）第 1 张幻灯片为标题幻灯片，标题为"天河二号超级计算机"，副标题为"——2014 年再登世界超算榜首"。

（3）第 2 张幻灯片采用"两栏内容"版式，左栏为文字，右栏为图片，图片为素材文件夹下的 Image1.jpg。

（4）第 3～7 张幻灯片的版式均为"标题和内容"，素材中的黄底文字即为相应页幻灯片的标题文字。

（5）第 4 张幻灯片标题为"二、特点"，将其中的内容设为"垂直块列表"SmartArt 对象，素材中红色文字为一级内容，蓝色文字为二级内容。并为该 SmartArt 图形设置动画，要求组合图形"逐个"播放，并将动画的"开始"设置为"上一动画之后"。

（6）利用相册功能为素材文件夹下的 Image2.jpg～Image9.jpg 这 8 张图片新建相册，要求每页幻灯片 4 张图片，相框的形状为"居中矩形阴影"，将标题"相册"更改为"六、图片欣赏"。将相册中的所有幻灯片复制到"天河二号超级计算机.pptx"中。

（7）将该演示文稿分为 4 节，第 1 节节名为"标题"，包含 1 张标题幻灯片；第 2 节节名为"概况"，包含 2 张幻灯片；第 3 节节名为"特点、参数等"，包含 4 张幻灯片；第 4 节节名为"图片欣赏"，包含 3 张幻灯片。每一节的幻灯片均为同一种切换方式，节与节的幻灯片切换方式不同。

（8）除标题幻灯片外，其他幻灯片的页脚显示幻灯片编号。

（9）设置幻灯片为循环放映方式，如果不单击鼠标，幻灯片 10 s 后自动切换至下一张。

2．为了更好地把握教材编写的内容、质量和流程，小李负责起草了图书策划方案（请参考 "图书策划方案.docx"文件）。他需要将图书策划方案 Word 文档中的内容制作为可以向教材编委会进行展示的 PowerPoint 演示文稿。请参考素材文件夹中 "图书策划方案.docx" 文件中的内容，按照如下要求完成演示文稿的制作。

（1）创建一个新演示文稿，内容包含"图书策划方案.docx"文件中所有讲解的要点。

① 演示文稿中的内容编排，需要严格遵循 Word 文档中的内容顺序，并仅需要包含 Word 文档中应用了"标题 1""标题 2""标题 3"样式的文字内容。

② Word 文档中应用了"标题 1"样式的文字，需要成为演示文稿中每页幻灯片的标题文字。

③ Word 文档中应用了"标题 2"样式的文字，需要成为演示文稿中每页幻灯片的第一级文本内容。

④ Word 文档中应用了"标题 3"样式的文字，需要成为演示文稿中每页幻灯片的第二级文本内容。

（2）将演示文稿中的第 1 页幻灯片，调整为"标题幻灯片"版式。

（3）为演示文稿应用一个美观的主题样式。

（4）在标题为"2012 年同类图书销量统计"的幻灯片中，插入一个 6 行 5 列的表格，列标题分别为"图书名称""出版社""作者""定价""销量"。

（5）在标题为"新版图书创作流程示意"的幻灯片中，将文本框中包含的流程文字利用 SmartArt 图形展现。

（6）在该演示文稿中创建一个演示方案，该演示方案包含第 1、2、4、7 页幻灯片，并将该演示方案命名为"放映方案 1"。

（7）在该演示文稿中创建一个演示方案，该演示方案包含第 1、2、3、5、6 页幻灯片，并将该演示方案命名为"放映方案 2"。

保存制作完成的演示文稿，并将其命名为 PowerPoint.pptx。

项目 13　计算机网络基础实验

13.1　项目要求和分析

1．项目要求

计算机网络最早出现在 20 世纪 60 年代，随着现代计算机技术和通信技术的飞速发展，计算机网络技术也得到迅速的发展，形成了世界范围内的 Internet 网络，为人们工作、学习和生活等方面面提供各种各样的方便。因此，掌握计算机网络的基础知识和互联网的基本应用，是本项目实验的目的。

具体任务如下。

任务 13.1　网络工具的使用和网络参数设置。

任务 13.2　WWW 浏览和搜索网络资源。

任务 13.3　Outlook 收发电子邮件。

2．项目分析

① 通过任务 13.1 的训练，使用户掌握一些基本的网络操作指令，能独立完成网络连通性的测试、协议测试、网络参数查看以及网络参数设置。

② 通过任务 13.2 的训练，使用户掌握 Internet 提供的基本服务，学会通过 WWW 服务浏览和搜索网络资源，学会网络资源的使用。

③ 通过任务 13.3 的训练，学会使用 Outlook 完成电子邮件的收发。

13.2　实现步骤

任务 13.1　网络工具的使用和网络参数设置

微课 13-1
网络工具的使用和
网络参数设置

步骤 1：查看计算机的网络参数。

单击任务栏左侧的"搜索"按钮，在对话框下方输入命令 CMD，按 Enter 键，出现"命令提示符"，进入 DOS 界面，在命令行输入命令 ipconfig/all，如图 13.2.1 所示。

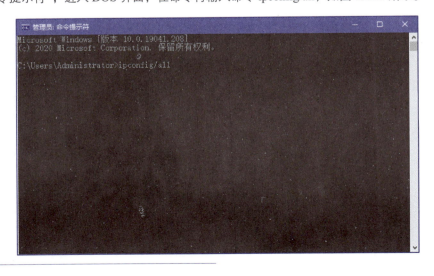

图 13.2.1
命令行 DOS 操作界面

190

步骤 2：按 Enter 键，得到如图 13.2.2 所示的查看结果，记录本机的物理地址（MAC 地址）、IPv4 地址、子网掩码、默认网关、DNS 参数。

图 13.2.2
网络参数查看结果

步骤 3：使用刚刚记录的 IPv4 地址，相邻的 2 个用户在本机的 DOS 命令行 Ping 对方的 IP 地址，检查网络是否连通，如果得到如图 13.2.3 所示的回复信息，表示网络连接正常。

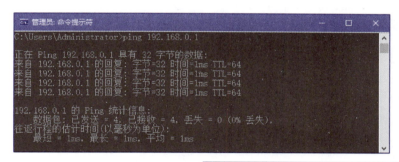

图 13.2.3
两台计算机正确
联网测试结果

步骤 4：检查本机 TCP/IP 协议是否正确安装，在 DOS 命令行输入 Ping 127.0.0.1，如果得到如图 13.2.4 所示的回复信息，表示正确安装了 TCP/IP 协议。

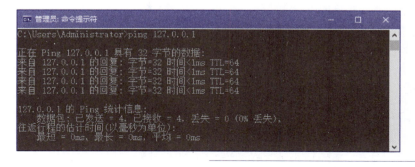

图 13.2.4
正确安装了 TCP/IP
协议测试结果

步骤 5：设置网络参数。

依次打开"控制面板"→"网络和 Internet"→"网络和共享中心"窗口，单击右侧的"以太网"，在打开的"以太网属性"对话框中单击下方的"属性"按钮，打开如图 13.2.5 所示的"以太网属性"对话框。

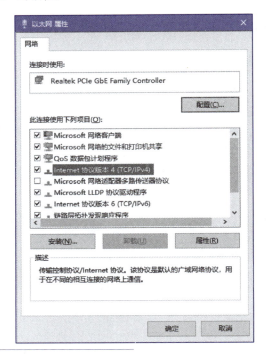

图 13.2.5
"以太网属性"对话框

选择"Internet 协议版本 4（TCP/IPv4）"选项，单击"属性"按钮，打开"Internet 协议版本 4（TCP/IPv4）属性"对话框，如图 13.2.6 所示。

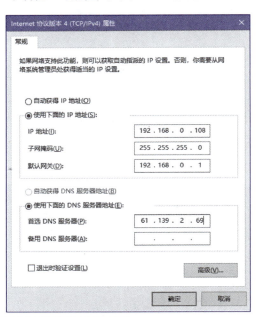

图 13.2.6
"Internet 协议版本 4（TCP/IPv4）属性"对话框

选中"使用下面的 IP 地址"单选按钮，设置本机的 IP 地址、子网掩码、默认网关、DNS 服务器，如图 13.2.6 所示，单击"确定"按钮。

步骤 6：在 DOS 命令行输入命令 ipconfig/all 再次查看网络参数，重复步骤 5 将网络参数改回原来的配置。

任务 13.2　WWW 浏览和搜索网络资源

步骤 1：使用浏览器访问 Web 站点。打开浏览器，在地址栏输入要访问的网页地址（如 https://www.qq.com），按 Enter 键，即可打开腾讯主页，如图 13.2.7 所示。

微课 13-2
网页浏览和
信息检索

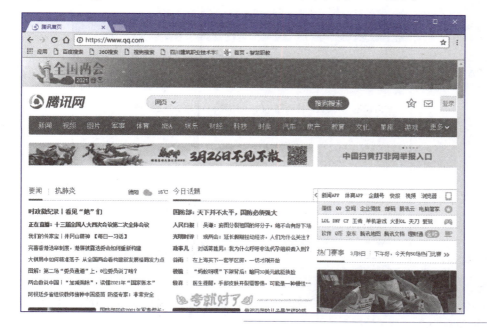

图 13.2.7
浏览器访问
指定网站界面

步骤 2：在腾讯主页中，找到指定的网页并单击，打开如图 13.2.8 所示的网页。

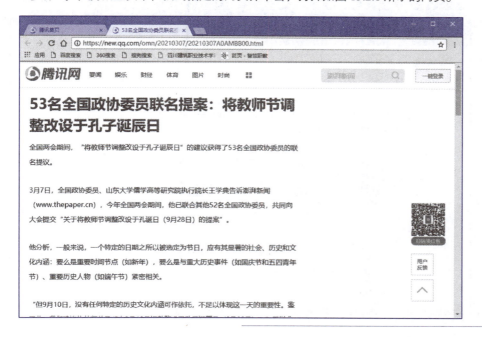

图 13.2.8
访问指定网页

步骤 3：复制网页文字，选中从"3 月 7 日……"开始至"王学典因此提出建议。"的文字，右击，在弹出的快捷菜单中选择"复制"命令或者按 Ctrl+C 组合键。

找到 D 盘"建工 2001 张三\文档"文件夹，右击，在弹出的快捷菜单中选择"新建"→"文本文件"命令，并将文件名改为"提案.txt"。

双击打开"提案.txt"文件，右击，在弹出的快捷菜单中选择"粘贴"命令或者按 Ctrl+V 组合键，完成文本的复制，如图 13.2.9 所示。选择"文件"→"保存"命令保存文件。

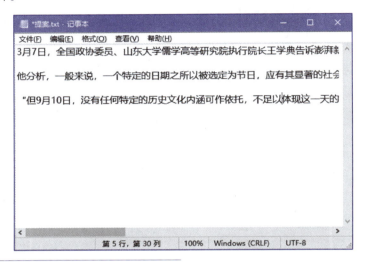

图 13.2.9
将网页文字复制到文本文件

步骤 4：搜索网络资源。

在网页上方的"搜狗搜索"处输入"四川建院单招"，单击"搜狗搜索"按钮，会得到如图 13.2.10 所示的搜索结果。

图 13.2.10
网络搜索内容
结果网页

这里可以找到感兴趣的内容，如"四川建院近三年单招录取分数线"，单击打开网页进行查看，如图 13.2.11 所示。

图 13.2.11
查看指定
搜索结果

使用其他搜索引擎进行搜索的操作基本类似。

任务 13.3　Outlook 收发电子邮件

Outlook 2016 是微软办公软件 Office 2016 的组件之一，是微软公司开发的电子邮件客户端软件。使用 Outlook 2016 可以不用登录网页，所以操作更方便、快捷。此外，发送和接收的邮件都保存在本地计算机中，不用联网即可方便地阅读和管理邮件。

微课 13-3
Outlook 收发
电子邮件

（1）在 Outlook 中添加邮箱

在使用 Outlook 收发邮件之前，需要把邮箱添加到 Outlook 中。依次选择"开始"→"Outlook 2016"菜单命令，在弹出的"欢迎使用 Microsoft Outlook 2016"界面单击"下一步"按钮；进入"添加电子邮件账户"界面，此处选中"是"选项并单击"下一步"按钮；在"自动账户设置"界面选中"手动设置或其他服务器类型"选项并单击"下一步"按钮；在"选择服务"界面选择"POP 或 IMAP"选项并单击"下一步"按钮；进入"POP 和 IMAP 账户设置"界面，输入与邮箱相关的信息，如图 13.2.12 所示；单击"测试账户设置"按钮，待测试通过单击"下一步"按钮，即可完成新邮箱账户的添加。

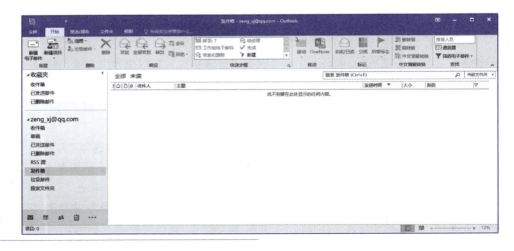

图 13.2.12
设置邮件账户

（2）在 Outlook 中写一封邮件并发送

进入 Outlook 2016 主界面，如图 13.2.13 所示。

图 13.2.13
Outlook 2016
主界面

单击"开始"选项卡"新建"选项组中的"新建电子邮件"按钮进入写邮件界面，相邻的 2 个用户互相给对方写一封邮件，内容自拟，如图 13.2.14 所示。文字内容编辑完成后，单击"添加"选项组中的"附加文件"按钮，在打开的对话框中单击"浏览此电脑"按钮，在打开的对话框中找到"D:\建工 2001 班张三\图片"文件夹中的"截图 1.jpg"作为本邮件的附件进行添加。编辑完成后，单击左侧的"发送"按钮将邮件发送出去。

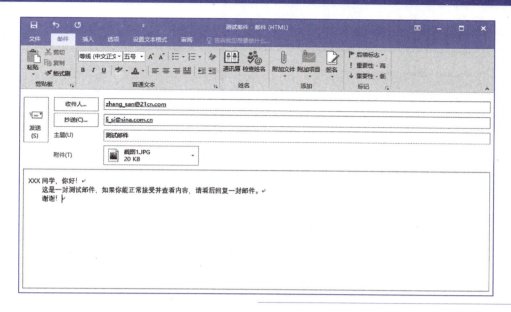

图 13.2.14
编辑新邮件

（3）接收一封电子邮件并回复

在图 13.2.13 所示的主界面，单击上面的"发送/接收"选项，即可完成邮件的接收，单击左侧导航窗格的"收件箱"选项即可查看刚刚接收到的互写的邮件，双击查看这封邮件，按要求回复，操作参照步骤（2）的写邮件操作。

13.3 项目总结

随着全球信息化进程的加快，熟悉计算机网络的基础知识并学会使用计算机网络成为每个人必须掌握的基本技能。

通过任务 13.1 的训练，可以使学生了解网络环境，学会处理简单网络问题的一些基本方法，特别是在工作环境中能独立完成局域网的参数配置以连接到网络。

通过任务 13.2 的训练，使学生学会 WWW 服务的使用和信息检索的操作。

通过任务 13.3 的训练，使学生掌握使用 Outlook 或其他软件完成电子邮件的收发，为办公环境中的实际应用打下基础。

13.4 项目拓展

使用"远程桌面"登录远程计算机

相邻的两个用户互相将对方的计算机作为被登录计算机。要实现远程登录首先要做如下设置。

1. 为远程连接创建一个账户

在对方计算机上依次选择"开始"→"设置"→"账户"→"其他用户"→"将其他人添加到这台电脑"，会打开"本地用户和组"对话框，单击"用户"可以查看本机已有的账户，右击，在弹出的快捷菜单中选择"新用户"命令，在打开的对话框中输入用户名"zhangsan"、全名"张三"和密码"123456"，然后单击"创建"按钮即可完成新账户的创建，如图 13.4.1 所示。

图 13.4.1
创建远程连接账户

2. 启用对方的"远程连接"

在对方计算机上打开"控制面板"→"系统和安全"→"允许远程访问"，打开"系统属性"对话框。选择"远程"选项卡，在"远程桌面"区选中"允许远程连接到此计算机"单选按钮，如图 13.4.2 所示。

图 13.4.2
"系统属性"对话框

单击"选择用户"按钮，在打开的"远程桌面用户"对话框中单击"添加"按钮，打开"选择用户"对话框，输入"zhangsan"，单击"确定"按钮，返回如图 13.4.3 所示的"远程桌面用户"对话框，原来的空白框中增加了一个用户 zhangsan，单击"确定"按钮；回到"系统属性"对话框，单击"确定"按钮，完成远程连接的设置。这时在其他计算机上就可以通过 zhangsan 这个账户远程连接到这台计算机。

图 13.4.3
"远程桌面用户"对话框

3. 远程连接

在自己的计算机上依次选择"开始"→"Windows 附件"→"远程桌面连接"菜单命令，打开如图 13.4.4 所示的"远程桌面连接"对话框。

图 13.4.4
"远程桌面连接"对话框

输入对方的计算机名或 IP 地址，单击"连接"按钮，在打开的"Windows 安全"对话框中单击"使用其他账户"，输入用户名 zhangsan 和密码，等待连接（首次连接可能需要几分钟），连接成功后会进入对方计算机桌面。

4. 进行相关操作

进入对方计算机的 D 盘，找到"D:\建工 2001 班张三\图片"文件夹中的"截图 1.jpg"文件，并复制到本机的 D 盘。

13.5   思考与练习

1. 计算机的 MAC 地址和 IP 地址分别是什么？它们之间有何联系？
2. 说明 IPv4 地址和 IPv6 地址的构成及作用。
3. 在宿舍中利用 SOHO 路由器组建一个对等局域网。
4. 将一个共享文件夹映射为网络驱动器。
5. 操作题（在提供的邮件服务器和素材文件夹下完成）

（1）用 IE 浏览器打开如下地址：http://LocalHost/Myweb/Index.htm，浏览有关"OSPF 路由协议"网页，将该页面中"3.SPF 基本算法"的内容以文本文件格式保存到素材文件夹，文件名为 testIE。

用 Outlook 2016 编辑电子邮件如下。

收信地址：test4mail@163.com

主题：SPF 算法

要求：将 testIE.txt 作为附件粘贴到信件中

信件正文如下：

您好！

SPF 算法是 OSPF 路由协议的基础。附件是对 SPF 算法的简单介绍，SPF 算法有时也被称为 Dijkstra 算法，具体的 Dijkstra 算法实现步骤可以参考以下站点：

http://ciips.ee.uwa.edu.au/~morris/Year2/PLDS210/Dijkstra.html

此致，

敬礼！

（2）接收并阅读由 xuexq@mail.neea.edu.cn 发来的邮件，并立即回复，回复内容："你所要索取的资料已用快递寄出。"

（3）用 IE 浏览器打开如下地址：http://LocalHost/Myweb/Index.htm，浏览有关"C 语言的特点"网页，将该页内容以文本文件格式保存到素材文件夹，文件名为 testIE。

用 Outlook 2016 编辑电子邮件如下。

收信地址：test4mail@163.com

主题：C 语言特点

要求：将 testIE.txt 作为附件粘贴到信件中

信件正文如下：

您好！

现将 C 语言的特点小结发给您，见附件，请查阅，如果需要更详细的资料，请回信索取。

此致，

敬礼！

项目 14   网络安全

14.1　项目要求和分析

在网络中，使用数据加密技术是确保数据通信的安全措施之一。在实际生活中，人们使用得更多的是给某个重要文件加上密码，防止文件泄密。本项目就是针对 Word 文档进行加密及解密的实验。在本实验中，加密采用 Office 自带的加密技术（命令）完成，而实现解密使用了 AOPR（Advanced Office Password Recovery，Office 文档密码破解）软件。

AOPR 内置暴力破解、字典攻击、单词攻击、掩码破解、组合破解、混合破解等多种解码模式，能够帮助用户破解 Office 文档（具体包括 Word、Excel、PPT、Access、Outlook 等文档格式）。

该实验具体分为以下步骤。

① 对 Word 文档加密。

② 使用 AOPR 软件对已加密的 Word 文档解密。

14.2　实现步骤

1．对 Word 文档加密

步骤 1：打开将要加密的 Word 文档，在"文件"选项卡中选择"信息"命令，单击"保护文档"下拉按钮，在下拉列表中选择"用密码进行加密"命令，如图 14.2.1 所示。

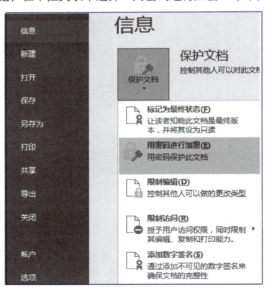

图 14.2.1
"保护文档"下拉列表

步骤 2：在如图 14.2.2 所示的对话框中输入密码，如"123"，单击"确定"按钮，再次设置密码即可完成密码设置操作。之后，单击"保存"按钮，保存密码设置。

步骤 3：验证密码是否设置成功：先关闭该文档，再次打开，输入设置的密码，进入文档。再次关闭该文档，准备用 AOPR 软件解密。

2．破解密码

在桌面找到 AOPR 快捷图标，如图 14.2.3 所示，双击打开如图 14.2.4 所示的界面。

图 14.2.2
"加密文档"对话框

图 14.2.3
AOPR 快捷图标

图 14.2.4
AOPR 界面

步骤 1：首次进行密码破解，AOPR 自动默认使用"字典攻击"方法初步破解。"字典攻击"方法适合由英文单词、人名等组成的密码。对于一般简单密码，选择"字典攻击"方法破解即可。单击"打开文件夹"按钮，在打开的对话框中选择将要破解的文档，单击"开始"按钮即可开始破解密码。这一破解过程需要几分钟，如图 14.2.5 所示。

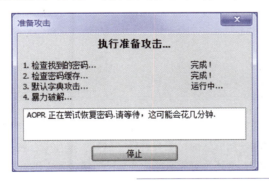

图 14.2.5
"准备攻击"对话框

步骤 2：密码一旦破解成功，就会弹出如图 14.2.6 所示的对话框，显示已破解的密码。此时单击"OK"按钮关闭该对话框。单击"打开"按钮，打开该文档。单击"移除文档所有密码"按钮，删除该文档密码。

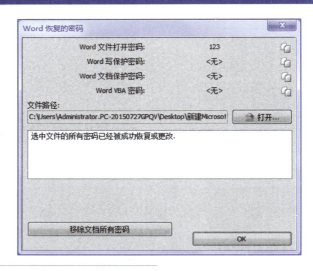

图 14.2.6
"Word 恢复的密码"对话框

　　步骤 3：一旦设置的密码较复杂，"字典攻击"破解失败，可选择"暴力破解"单选按钮来解密码，如图 14.2.4 所示。"暴力破解"是针对英文字母、数字和符号等密码字符进行破解。首先选择"暴力破解"，再单击"破解选项"按钮打开"破解设置"对话框，如图 14.2.7 所示。该对话框可以针对密码长度、包含的字符集和起始密码进行设置，从而缩小密码范围，缩短破解时间。设置完成后，单击"开始"按钮，继续破解文件密码。

图 14.2.7
"破解设置"对话框

　　步骤 4：如果知道密码中的若干字符，使用"掩码破解"比使用纯粹的"暴力破解"更节约时间。使用这种破解方法时，要先选择"破解"选项卡，在"掩码/掩码字符："框中输入密码包含的字符；另外，为了尽量减少尝试的组合数，仍然要设置密码的长度和密码中其他字符所在的字符集。

14.3　项目总结

　　Word 文档的加密过程一般为：加密文档随机生成 Salt 数据，该数据连同用户输入的密码字符串，经过哈希算法生成密钥。较常使用的解密方法为"暴力破解"，原理是从密钥中提取密文哈希值，通过不断猜测密码来破解，因此破解速度较慢。对于 Office 文件的解密软件，还有 Office Password Remover、Office Password Unlocker 等。

14.4 项目拓展

无纸化办公——为文档添加/删除可见的数字签名

1. 项目要求和分析

（1）项目要求

与纸质签名不同，数字签名能提供精确的签署记录，并允许在以后对签名进行验证。Word 2016 文档中，数字签名这一功能能够对文档进行无纸化签署，该签名用于确认文档来自签名人本人且未经更改。对文档进行数字签名后，文档就变成只读，以防止被修改。

本实训是通过对转正申请书文档添加/删除可见的数字签名来掌握使用数字签名的全过程。制作完成效果如图 14.4.1 所示。

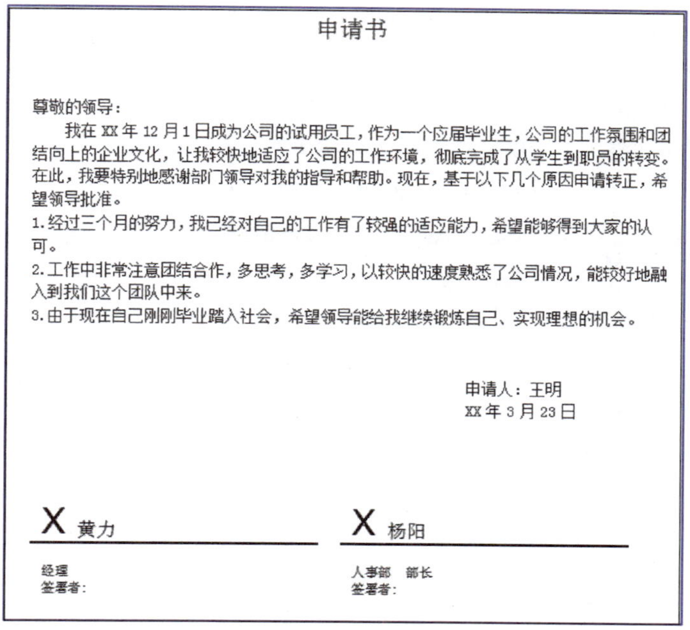

图 14.4.1
制作完成的数字签名

（2）项目分析

本实训的设计思想为：本人（申请人）向经理提出转正申请，经理同意后在文档签名处进行数字签名，之后转人事部门，由人事部部长审核通过并数字签名。具体内容及要求如下。

① 创建 Word 文档——转正申请书。

② 在申请书文档中添加两个签名行，分别由经理和人事部部长签署数字签名。

③ 删除数字签名行。

微课 14-1
数字签名

2．实现步骤

（1）创建文档

新建文件名为"申请书"的 Word 文档，并录入如图 14.4.2 所示的文字，之后保存该文档。

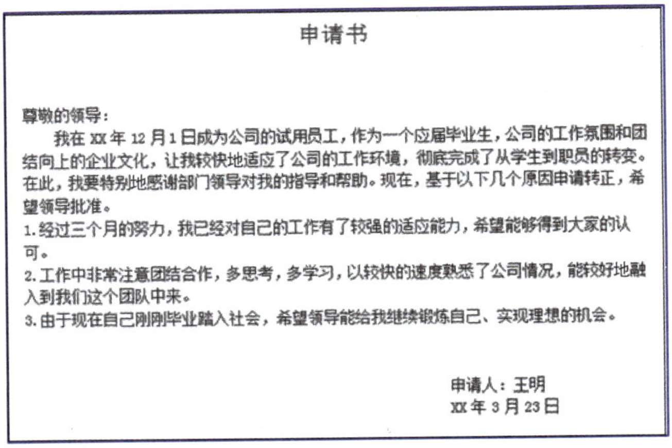

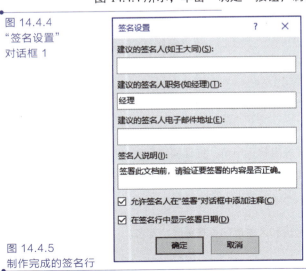

申请书

尊敬的领导：

　　我在 XX 年 12 月 1 日成为公司的试用员工，作为一个应届毕业生，公司的工作氛围和团结向上的企业文化，让我较快地适应了公司的工作环境，彻底完成了从学生到职员的转变。在此，我要特别地感谢部门领导对我的指导和帮助。现在，基于以下几个原因申请转正，希望领导批准。

1. 经过三个月的努力，我已经对自己的工作有了较强的适应能力，希望能够得到大家的认可。

2. 工作中非常注意团结合作，多思考，多学习，以较快的速度熟悉了公司情况，能较好地融入到我们这个团队中来。

3. 由于现在自己刚刚毕业踏入社会，希望领导能给我继续锻炼自己、实现理想的机会。

申请人：王明
XX 年 3 月 23 日

图 14.4.2
"申请书"样文

（2）在 Word 中创建签名行

步骤 1：在文档中要创建签名行的位置单击，创建插入点。

步骤 2：在"插入"选项卡的"文本"选项组中，单击"签名行"下拉按钮，在下拉列表中选择"Microsoft Office 签名行"命令，如图 14.4.3 所示。

图 14.4.3
"签名行"下拉
列表

步骤 3：在打开的"签名设置"对话框中，输入将显示在签名行下方的信息，如图 14.4.4 所示，单击"确定"按钮，制作完成的签名行如图 14.4.5 所示。

图 14.4.4
"签名设置"
对话框 1

签名设置　　　　　　　　? ✕

建议的签名人(如王大同)(S)：

建议的签名人职务(如经理)(T)：
经理

建议的签名人电子邮件地址(E)：

签名人说明(I)：
签署此文档前，请验证要签署的内容是否正确。

☑ 允许签名人在"签署"对话框中添加注释(C)

☑ 在签名行中显示签署日期(D)

确定　　取消

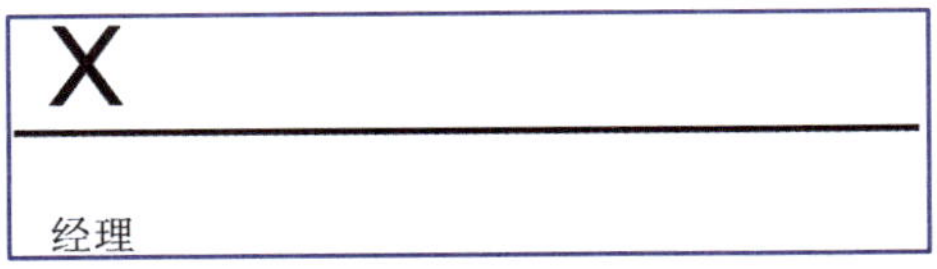

X
_____

经理

图 14.4.5
制作完成的签名行

步骤 4：添加另外一个签名行，重复以上步骤 1～步骤 3，在"签名设置"对话框中输入如图 14.4.6 所示的内容，单击"确定"按钮，完成后如图 14.4.7 所示。

图 14.4.6
"签名设置"对话框 2

图 14.4.7
已完成的两个签名行

3．签署 Word 中的签名行

步骤 1：在文档中，选中"经理"签名行并右击，在弹出的快捷菜单中选择"签署"命令，如图 14.4.8 所示，打开"签名"对话框。

步骤 2：如果没有为签名安装安全证书，Word 则会询问是否要从"Microsoft 合作伙伴"那里获取一个。此时，最便捷的方法是使用 Microsoft Office 文件夹中的 Selfcert 工具创建自己的数字证书。在 Office 安装文件夹中找到 Selfcert.exe 文件，如图 14.4.9 所示。双击将其打开，在"您的证书名称"文本框中输入自己创建的安全证书的名称，单击"确定"按钮，创建个人证书。

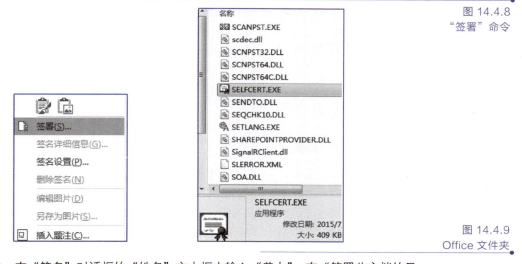

图 14.4.8
"签署"命令

图 14.4.9
Office 文件夹

步骤 3：在"签名"对话框的"姓名"文本框中输入"黄力"，在"签署此文档的目的"文本框中输入"同意",单击"签名"按钮,如图 14.4.10 所示。

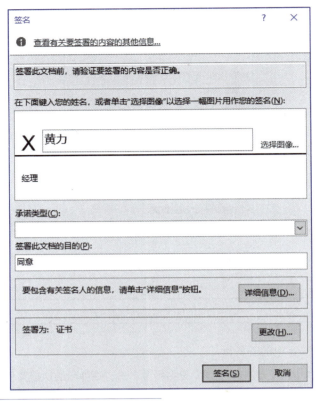

图 14.4.10
"签名"对话框

步骤 4:第 2 个签名需重复以上步骤,在"签名"对话框中输入姓名"杨阳",在"签署此文档的目的"文本框中输入"同意",单击"签名"按钮。完成之后可退出该文档,制作完成后的效果如图 14.4.11 所示。

图 14.4.11
完成签名的效果图

 【注意】

经过数字签名的文档会变为只读以防止修改。

4. 从 Word 中删除数字签名

若要删除数字签名,可以按以下步骤。

步骤 1:打开已创建数字签名的文档"申请书"。

步骤 2:单击"仍然编辑"按钮,如图 14.4.12 所示,弹出询问对话框,单击"是"按钮来删除签名,如图 14.4.13 所示。

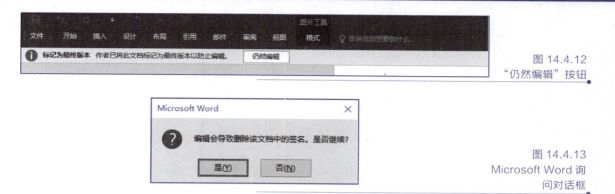

图 14.4.12
"仍然编辑"按钮

图 14.4.13
Microsoft Word 询
问对话框

14.5 项目总结

　　数字签名是电子邮件、宏或电子文档等数字信息上的一种经过加密的电子身份验证戳。可见的数字签名行（或不可见的数字签名）可确保文档的真实性、完整性和来源，可以向 Word 文档、Excel 工作簿和 PowerPoint 演示文稿中添加可见（或不可见）的数字签名。

参考文献

[1] NCRE 考试命题研究中心. NCRE 二级 MS Office 高级应用[M]. 北京：人民邮电出版社，2019.

[2] 教育部考试中心. NCRE 一级教程　计算机基础及 MS Office 应用上机指导[M]. 北京：高等教育出版社，2021.

[3] 教育部考试中心. NCRE 二级教程 MS Office 高级应用与设计上机指导[M]. 北京：高等教育出版社，2021.

[4] 眭碧霞. 计算机应用基础任务化教程（Windows 7+Office 2010）[M]. 3 版. 北京：高等教育出版社，2019.

[5] 徐栋，张萌. Office 2016办公应用立体化教程. 微课版[M]. 北京：人民邮电出版社，2020.

郑重声明

高等教育出版社依法对本书享有专有出版权。任何未经许可的复制、销售行为均违反《中华人民共和国著作权法》，其行为人将承担相应的民事责任和行政责任；构成犯罪的，将被依法追究刑事责任。为了维护市场秩序，保护读者的合法权益，避免读者误用盗版书造成不良后果，我社将配合行政执法部门和司法机关对违法犯罪的单位和个人进行严厉打击。社会各界人士如发现上述侵权行为，希望及时举报，我社将奖励举报有功人员。

反盗版举报电话　　（010）58581999　58582371

反盗版举报邮箱　　dd@hep.com.cn

通信地址　　北京市西城区德外大街4号　高等教育出版社法律事务部

邮政编码　　100120